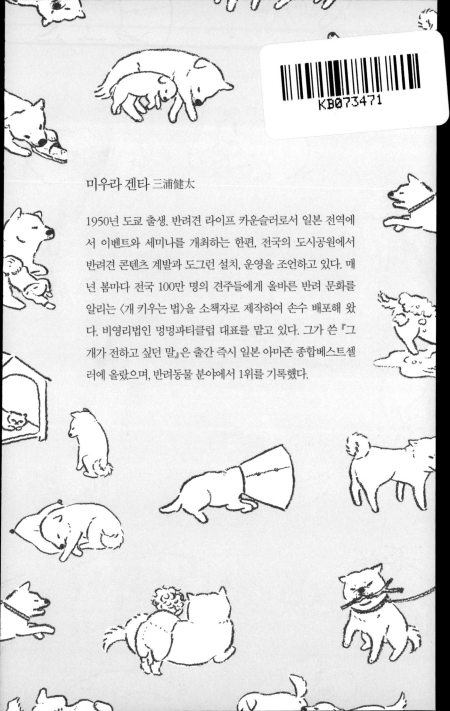

미우라 겐타 三浦健太

1950년 도쿄 출생. 반려견 라이프 카운슬러로서 일본 전역에서 이벤트와 세미나를 개최하는 한편, 전국의 도시공원에서 반려견 콘텐츠 계발과 도그런 설치, 운영을 조언하고 있다. 매년 봄마다 전국 100만 명의 견주들에게 올바른 반려 문화를 알리는 〈개 키우는 법〉을 소책자로 제작하여 손수 배포해 왔다. 비영리법인 멍멍파티클럽 대표를 맡고 있다. 그가 쓴 『그 개가 전하고 싶던 말』은 출간 즉시 일본 아마존 종합베스트셀러에 올랐으며, 반려동물 분야에서 1위를 기록했다.

그 개가 전하고 싶던 말

INUGA TSUTAETAKATTA KOTO by Kenta Miura

Text copyright ©Kenta Miura 2017
Illustration by Miho Suzuki
All rights reserved.
Original Japanese edition published by Sanctuary Publishing Inc.

Korean translation copyright ©2018 by Writing House
This Korean edition published by arrangement with Sanctuary Publishing Inc.
through Honnokizuna, Inc., Tokyo, and Imprima Korea Agency.

그 개가 전하고 싶던 말

세상을 사랑하게 만들어 준 20가지 반려견 이야기

미우라 겐타(반려견 라이프 카운슬러) 지음

전경아 옮김

라이팅하우스

반려견을 사랑하는 모든 이들에게

이 책에 소개된 에피소드는 실화를 바탕으로 합니다.

으르렁거리며 잠꼬대하는 개.

길게 한숨을 쉬는 개.

몸을 뒤로 젖히고 재채기를 하는 개.

마루 위를 쫑쫑쫑쫑 걷는 개.

배를 어루만져 주면 기분이 좋아서

저도 모르게 앞발을 깨무는 개.

간식이 먹고 싶어서 재주를 부리는 개.

놀아 달라며 발밑에 공을 두고 쳐다보는 개.

목줄을 들고 일어서면 벌써 현관문 앞에서 기다리는 개.

이제나저제나 밥 먹을 시간을 기다려 놓고 막상 그때가 되면

전혀 느긋하게 즐기지 못하는 개.

칭찬해 주면 뭐라도 주려나 기대하는 개.

팝콘처럼 구수한 냄새가 나는 발바닥 볼록살을 꾹꾹

누르는 개.

가족이 집에 오기만 해도 온몸으로 기쁨을 발산하는 개.

개는 참 이상하다.

반려견과 생활하는 건 복잡하고 까다롭다.

하지만 지난 나날들을 돌아보면 반려견이 있어서

참 좋았고 즐거웠다.

반려견이 없었더라면 알지 못했을 것도 한가득이다.

길가에 핀 꽃과 흙냄새.

목적도 없이 그저 걷기만 해도 좋아지는 기분.

스쳐 지나가는 사람들의 미소.

사소하지만 사는 보람 같은 것.

그리고 이 별것도 아닌 하루가 사실은

둘도 없는 행복한 하루라는 점도.

이 세상이 다정함으로 흘러넘친다는 걸

그리고 언제까지나 변치 않는다는 걸

반려견은 언제나 있는 힘을 다해

우리에게 가르쳐 주려고 한다.

개와 인간이 만난 지 어언 2만 년.

'지구상에서 가장 친근한 동물'이라고 할 수 있는 개는 우리와 어떤 관계를 맺고 있을까요?

그 실태를 알고 싶어서 지금 반려견을 키우는 사람, 과거에 반려견을 키운 적이 있는 사람, 키운 적은 없지만 반려견을 좋아하는 사람 등등, 다양한 애견인들로부터 '반려견과의 추억'을 한가득 모아 봤습니다.

본래 마음이 따스해지는 훈훈한 이야기를 기대하긴 했지만 막상 '반려견과의 추억'을 받아 보니 그중에는 견주의 인생을 바꾸는 계기가 되어 준 개, 상처받은 마음을 구원해 준 개, 뿔뿔이 흩어진 가족 간의 정을 이어 준 개 등 상상 이상으로 반려견이 공헌한 이야기가 많아서 깜짝 놀랐습니다.

그 이야기들을 읽으면서 반려견들은 어떤 가족과 살든 한결같이 우리에게 가족의 소중함과 인생을 즐기는 마음을 가르쳐 준다는 것을 새삼 깨달을 수 있었습니다.

반려견과 함께한 나날은 왜 이토록 우리의 인생에 깊은 영향을 미치는 것일까요?

그저 '반려견이 귀여워서' '반려견의 행동이 재미있어서'가 아니라 시간이 지날수록 '반려견이 주었던 애정의 크기를 깨달아서'일 것입니다.

우리가 반려견과 어울리는 시간은 반려견과의 삶 중 극히 일부입니다. 우리가 사랑하는 반려견에 대해 눈곱만큼도 생각하지 않을 때도 사랑하는 반려견은 오로지 주인에게 애정을 퍼붓습니다.

분주한 일상 속에서 우리가 잊고 지내 온 한 사람만을 바라보는 사랑. 그 사랑을 이 책에서 새삼 느껴 주시기를, 그리고 그것이 모두의 행복으로 바뀌기를 진심으로 바랍니다.

미우라 겐타

목차

• 머리말   10

Story 1   소중한 것은 이 순간뿐   • 17
          | 벨 | 살아 있다는 자부심   • 20

Story 2   영원히 변치 않는 사랑   • 27
          | 필로스 | 아내가 다니던 산책길   • 30

Story 3   아빠의 건강 지킴이   • 37
          | 아키 | 아빠를 부탁해   • 40

Story 4   100퍼센트의 진심으로 다가오는 개   • 45
          | 오마에 | 살아 있는 습득물   • 49

Story 5   개는 언제나 직진   • 61
          | 럭키 | 행복을 부르는 이름   • 64

Story 6   안심할 수 있는 향기   • 69
|다로와 지로| 엄마라는 증명   • 72

Story 7   스트레스에 지지 않는 개   • 77
|칼| 미움받을 용기   • 81

Story 8   반려견을 책임진다는 것   • 87
|토포| 고독으로부터 1센티미터   • 91

Story 9   절 지켜 주실래요, 대장?   • 99
|구치| 네 마음을 보여 줘   • 103

Story 10   어느새 다가온 반려견의 노화   • 109
|릴로| 행복한 순간   • 113

Story 11 이유 없는 이유 · 119
| 린 | 우리만의 보물찾기 · 122

Story 12 우리가 친구라는 증거 · 129
| 레온 | 후회의 의미 · 132

Story 13 펫로스, 반려견과의 이별 · 141
| 피트 | 두 사람과 한 마리 개 · 145

Story 14 문제 있는 개는 없다 · 151
| 모모 | 배를 쓰다듬어도 될까요? · 154

Story 15 문제행동을 고치는 긍정 강화 · 163
| 비키 | 할머니와의 약속 · 167

Story 16 목숨을 건 믿음 · 173
| 렌 | 당신을 기다리는 개 · 177

Story 17 아픈 개를 안아 주세요 · 185
| 하나 | 말로는 전할 수 없던 것 · 188

Story 18 추억까지 버리실 건가요 · 197
| 하루 | 추억의 소파 · 200

Story 19 반려견과 산다 · 205
| 마크 | 최고의 파트너 · 209

Story 20 부르면 달려오는 개 · 215
| 고타로 | 붉은색 가죽 목줄 · 220

· 반려견을 칭찬하는 법 228
· 맺음말 230

Story 1

소중한 것은 이 순간뿐

개의 수명은 20년 남짓으로 '개의 1년'은 '인간의 6년'에 해당한다고들 합니다. 더욱이 강아지 시절에는 인간의 12배 속도로 성장합니다.

수의학이나 적절한 식이 연구가 진행되면서 개의 수명도 차츰 늘어났으나 여전히 우리의 5분의 1 정도에 불과합니다.

빨리 성견이 되는 만큼 노화도 빨라서 '개의 일생은 눈 깜짝할 사이'라고 느껴질 것입니다.

하지만 우리와 달리 개는 노화를 두려워하지 않습니다.

정확히 말하면 개는 그리 앞날을 생각하지 않습니다.

반대로 지금까지 경험한 과거에 일어났던 일에 대해서도 기억은 하되, 일부러 곱씹어 생각하지는 않습니다.

개는 앞날이나 옛날 일에는 통 관심이 없습니다.

오직 '지금'만 생각합니다.

개에게 '지금'이란 우리 인간의 감각으로는 상상할 수 없을 정도로 중요합니다. 군이 해석하자면,

"'지금'보다 중요한 '장래'는 있을 수 없다"고 할까요?

따라서 개는 지금을 참으며 장래를 기대하지 않습니다.

일부러 과거를 떠올리며 중요한 지금을 잊거나 슬퍼하지도 않습니다.

개가 생각하는 것은 어떻게 하면 '이 순간에 행복해질 수

Story 1
소중한 것은 이 순간뿐

있을까?' 그것뿐입니다.

그러면 반려견이 늘 좇는 행복이란 무엇일까요?

물론 맛있는 간식과 사료, 재미난 장난감을 받는 것도
행복입니다.

하지만 반려견에게 최고의 행복은 사랑하는 주인 곁에서
편안히 쉬는 것입니다. 주인에게 몸을 기대고 부드럽게
어루만져 주는 주인의 손길을 느끼며
웃는 얼굴을 보는 것입니다.

그런 반려견들의 태도는 우리에게 "'지금'보다 소중한 시간은
없다"는 것을 새삼 일깨워 줍니다.

살아 있다는 자부심

열 살 된 프렌치 불도그(우)를 기르는
서른다섯 살 남성으로부터

저는 대형 가전업체에 근무하고 있습니다.

이 회사에 입사할 당시에는 설마 이런 날이 오리라고는 꿈에도 생각하지 못했습니다.

세계시장에서 회사의 액정텔레비전, 휴대전화, 반도체 등의 점유율이 저조해진 탓에 실적 악화가 계속되자 눈 깜짝할 사이에 인원 감축이 단행되었습니다. 그 영향으로 이미 절반 가까운 동기들이 회사를 떠났습니다.

저에게는 동갑인 아내와 여섯 살 된 딸이 하나 있습니다.

가족을 위해서라도 수입이 끊어지면 안 되는 상황이었습니다. 하지만 서둘러 다음 직장을 구해야 한다는 생각에 초조해지자 압박감을 느꼈는지 몸 상태가 나빠졌습니다. 게다가 이 나이에 지금 같은 조건으로 고용해 줄 회사를 찾을 수

있을지 우려되어서 좀처럼 행동에 옮기지 못했습니다.

그렇지만 아내에게는 제가 처한 상황에 대해 아무 말도 할 수 없었습니다. 말한다 한들 집안 분위기만 어두워질 뿐이라고 생각했으니까요.

혼자 고민거리를 안고서 집안에서 평소처럼 행동하는 건 괴로운 일입니다. 어딘가로 사라져 버리고 싶다고 생각한 적도 있습니다. 모든 것을 버리고 어딘가 알지 못하는 곳에서 처음부터 다시 시작할까, 하고 말이죠. 그런 극단적인 생각을 할 바에야 가족에게 털어놓는 편이 낫지 않을까? 하지만 머리로는 그렇게 생각하면서도 늘 밝고 웃음이 끊이지 않는 아내와 딸을 보고 있으면 차마 입이 떨어지지 않았습니다.

그런 상황에서 나를 더욱 힘들게 하는 사건이 벌어졌습니다. 집에서 키우던 프렌치 불도그 '벨'에게 문제가 생긴 것입니다.

어느 날, 내 서재에 벨이 어슬렁어슬렁 들어왔습니다. 서재는 벨이 태어났을 때부터 출입 금지여서 처음에는 단순히 우연이겠거니 생각하고 거실로 돌려보냈으나 이내 다시 서재에 들어왔습니다. 그러한 행동을 하루에 몇 번인가 되풀이했습니다.

우리 부부가 아무래도 벨의 상태가 이상하다고 의심하기 시작한 지 얼마 되지 않아 벨은 벽을 향해 으르렁거리거나 똥을 지리거나, 같은 곳을 뱅글뱅글 돌거나, 그런 이해하기 힘든 행동을 하기 시작했습니다.

결정적이었던 것은 딸애가 벨의 머리를 어루만질 때였습니다. 가족 중에 가장 사이가 좋았던 딸에게 벨이 갑작스레 이를 드러낸 것입니다. 훗날, 개도 치매에 걸린다는 사실을 알았습니다. 딸과 함께 성장해 왔으니 여전히 젊다고 생각했는데 어느새 벨은 열 살의 노견이었던 것입니다.

딸아이는 벨의 위협을 받고 나서 충격을 받았는지 내가 일하는 도중에도 "벨한테 물렸어" "벨이 밖에 나갔어" "벨이 침대에 오줌을 쌌어"라고 수시로 문자를 보내왔습니다.

벨은 필사적으로 살려고 했습니다.

곁에 바짝 다가앉으면 가로로 길게 누운 채로 꼬리를 흔들어 주었고 손으로 사료를 주면 고개를 숙이고 구물구물 먹어 주었습니다. 하지만 치매가 진행되며 벨은 나날이 쇠약해져 갔습니다. 털은 부스스해지고 모든 행동이 느려졌습니다. 그

Story 1
소중한 것은 이 순간뿐

리고 하루의 대부분을 웅크려 앉아서 반쯤 감긴 흐리멍덩한 눈으로 허공을 바라본 채 지내게 되었습니다.

그런 벨의 모습을 보고 우리 부부는 마음의 준비를 하고선 "늦기 전에 가능한 한 벨이 하고 싶은 대로 하게 내버려 두자"고 이야기했습니다. 그리고 매일 "벨이, 벨이 아닌 것 같아" 하고 울먹이는 딸의 마음을 어떻게 달래야 하는지 의논했습니다.

오늘 하루는 드물게 딸에게 문자가 한 통도 오지 않았습니다. 그래서 퇴근시간에 딸에게 문자가 왔을 때는 왠지 덜컥 불길한 예감에 문자를 보는 데 용기를 짜내야 했습니다.

그런데 불안한 마음으로 문자를 확인했더니 이렇게 쓰여 있었습니다.

벨이 똥 쌌어

문자에는 3장의 사진이 첨부되어 있었습니다.

첫 번째 사진은 화장지 위에서 씨름선수처럼 경기를 시작하려고 막 일어서려는 자세를 하고 있는 벨.

두 번째 사진은 생글생글 웃고 있는 딸과 두 발로 하이파이 브하는 벨.

세 번째는 보란 듯이 가슴을 젖히고 당당하게 카메라를 보는 벨.

나도 모르게 "뭐, 뭐야 이건?" 하고 소리를 질렀습니다. "똥 싼 게 뭔 자랑이라고 이렇게 잘난 체람, 이 녀석은." 그렇게 말하자마자 웃음이 터져 나왔습니다.

별것도 아닌 일에 왜 그렇게 열심인 거야.

벨의 사진을 보는 사이에 점점 뭐가 뭔지 알 수가 없어지며 지금까지 혼자서 고민하던 문제가 어떻게 되든 상관없다는 생각이 들었습니다. 그러자 갑자기 마음이 가벼워졌습니다.

옆자리에 앉은 선배가 "뭐 좋은 일이라도 있어?"라고 묻기에 나는 "벨이 똥을 쌌다네요"라고 진지한 얼굴로 대답했습니다. 선배가 "뭔 소리야?" 하고 몸을 젖히며 웃었습니다. 갑자기 웃음꽃이 피어올랐습니다.

사무실 안이 확 밝아졌습니다.

메시지는 그게 끝이 아니었습니다.

아빠도 지지 마!

Story 1
소중한 것은 이 순간뿐

그리고 주먹을 불끈 쥔 모양의 이모티콘이……

그동안 제가 집안에서 어지간히 심각한 표정을 지어 왔겠죠. 아내와 딸도 참고 기다려 준 것입니다.

휴대전화 화면이 눈물로 흐려졌습니다.

살면 살수록 느낍니다.
이 사람들과 함께 살고 싶다고.

Story 2

영원히 변치 않는 사랑

반려견과 인간의 큰 차이.

그것은 '비교한다'는 행위에서 잘 드러납니다.

인간은 무엇이든 '비교하는' 것을 아주 좋아합니다.

자신과 타인, 자사와 타사, 우리 아이와 남의 아이.

어느 쪽이 이득인지, 어느 쪽이 빠른지, 어느 쪽이 가치가

있는지 비교합니다.

그것만이 아니라 아침과 밤, 어제와 오늘, 올해와 내년과 같이

시간도 비교합니다.

따라서 같은 것을 반복하다 보면 인간은 이내 싫증을 내게

됩니다. 전혀 변하지 않는 환경에서 쭉 살아가면 지루함을

넘어서 고통을 느끼기도 할 것입니다.

이러한 특성은 인류가 진보하기 위해 필요한 부분이기도

합니다. '비교'할 수 있어야 꿈과 희망을 갖고 행동에 나서려는

마음을 굳힐 수 있으니까요.

하지만 개는 다릅니다. 개는 원래 '비교하지' 않습니다.

환경이 쾌적하기만 하면 그걸로 족하고, 되도록 변화하지

않기를 바랍니다.

같은 시간에 일어난다. 같은 시간에 밥을 먹는다.

같은 코스를 산책한다. 매일같이 주인에게 응석을 부린다.

Story 2
영원히 변치 않는 사랑

그런 일상을 아무리 반복해도 질리지 않습니다.

오히려 별 변화가 없는 나날이 개에게 안도감을 줍니다.

반려견은 계절의 변화나 주인의 작은 변화만으로도 충분히 행복합니다.

반려견이 바라는 것은 평소와 다르지 않은 환경과 안정적인 주인의 애정, 그저 그것뿐입니다.

반려견과 머물 수 있는 호텔이나 반려견이 뛰어놀 수 있는 테마파크에 가지 못해도 상관없습니다. 특별히 맛있는 밥을 먹지 못해도 아름다운 저녁놀을 보지 못해도 괜찮습니다.

반려견은 눈앞에 있는 주인의 '변치 않는 애정'만 있으면 충분히 만족합니다.

'변치 않는 애정으로 대한다'

말로 하는 것은 간단합니다.

하지만 매일 이어지는 안정된 생활에 쉽게 싫증을 내는 우리 인간에게 반려견을 키우기 시작했을 때와 같은 애정을 영원히 유지하기는 의외로 어려운 일인지도 모릅니다.

그렇더라도 반려견이 주인에게 그렇게 하듯이 주인도 매일 아침, 사랑하는 반려견을 새로운 기분으로 봐 주시기를 바랍니다.

아내가 다니던 산책길

열네 살 된 잡종견(♂)을 기르는
예순다섯 살 남성으로부터

동네는 오늘도 여지없이 낯설게 느껴졌다.

동네 사람과 스쳐 지나가도, 상점가에서 물건을 사도, 운동회나 봉오도리(盆踊り : 백중날 전후에 많은 남녀들이 모여서 추는 윤무 - 역주) 대회에서 함성이 들려와도 전부 나와는 관계가 없는 일로 느껴졌다.

1년 전, 나는 암으로 아내를 잃었다.

아내는 활동적인 사람이었다. 동네 사람들과 테니스를 치거나 차모임이나 산악회, 노(能. 일본의 대표적인 가면극이다 - 역주) 감상회 등에도 적극적으로 참여했다.

나는 폐쇄적인 성격으로 근처에 친구도 없고 일 이외에 특별히 이렇다 할 취미도, 사는 보람도 없어서 휴일이 되면 하루 종일 집에서 텔레비전을 보며 시간을 보냈다.

Story 2
영원히 변치 않는 사랑

시내에 있는 작은 공장에서 40년이 넘게 근무한 후 퇴직하고는 매일 집에 있게 되었다.

아내는 그런 내가 꼴도 보기 싫었을 게 틀림없다.

집에 둘이 있어도 숨이 막힐 듯 어색했고 아내가 화제를 꺼내도 대화는 이어지지 않았다. 나는 기회가 있을 때마다 "어디 가고 싶은 곳이 있으면 가도 돼"라고 말했지만 아내는 고개만 저을 뿐이었다. 결국 아내와 함께 보낸 추억이 거의 없다.

아내는 나와 달리 친구가 많고 취미도 지역 활동에도 열심이어서 혼자서도 잘 살아갈 수 있는 사람이었다. 세간에서 말하는 황혼이혼이라도 해 줄 걸 그랬다고 후회도 했다.

세상을 뜨기 전 몇 년만이라도 자유를 주었더라면 아내도 조금은 행복하지 않았을까?

혼자가 된 나에게 남은 건 개뿐이었다.

아내가 14년 전에 분양받은 필로스라는 귀여운 개다.

아내는 아침저녁으로 열심히 필로스를 데리고 산책을 나갔다. 반면 나는 거의 돌본 적이 없어서 필로스는 내 근처에는 얼씬도 하지 않았다.

아내가 세상을 떠난 후에도 나는 최소한만 보살폈다. 즉 사료를 주고 방석을 주고 휴지만 갈아 주었다.

노견 필로스는 항상 웅크려 앉아 있었다.

"필로스" 말을 걸어도 늘 반응이 없었다. 때때로 숨 쉬는 걸 잊은 것처럼 깊게 한숨을 내쉬었다.

분명 이 개는 아내가 인생의 전부였을 것이다. 주인 없는 여생에는 아무런 흥미도 없다는 태도였다.

뭐라 말할 수 없는 기분이 들었다.

늙은 개의 모습이 문득 나와 겹쳐졌다. 이렇다 할 사는 보람이 없다고 해서 인생의 마지막만 기다리면서 살 것인가? 그런 것을 과연 산다고 할 수 있을까?

별안간 화가 치민 나는 아내의 유품과 함께 처박아 두었던 목줄을 꺼냈다. 그리고 필로스를 산책에 데리고 나가기로 결심했다.

나와 산책하는 것은 처음이었으나 필로스는 멈춰 서거나 웅크리며 버티지 않고 그저 얌전히 걸었다. 탐스럽게 핀 꽃들이 늘어선 골목길을 걷고 조그만 공원을 가로지르고 반려견을 데리고 나온 사람들이 테라스에서 담소를 나누는 카페

앞을 지나갔다.

분명 아내와 여러 번 걸었던 산책 코스일 것이다. 느릿한 동작이었으나 앞을 걷겠다는 의사가 목줄에서 확고하게 느껴졌다. 나는 그저 그 뒤를 따라 걸으면 그만이었다. 다행이다.

상점가에 들어서자 "오, 필로스" 하고 두부가게 주인이 말을 걸었다. 두부가게 주인은 견주가 달라진 걸 눈치챈 듯했지만 "오늘도 산책하니? 좋겠다." 하고 말한 후, 나에게 가볍게 인사했다. 필로스는 느릿느릿 두부가게 주인의 발치에 다가가 코를 꾹 눌렀다.

다시 걸었다. 이번에는 "필로스?" 하고 조그만 반려견을 데리고 나온 할머니가 말을 걸었다. "아빠랑 나왔구나? 좋겠네." 할머니가 다정하게 머리를 쓰다듬자, 필로스는 기분이 좋은 듯이 눈을 가늘게 떴다.

다시 앞으로 걸었다. "필로스, 필로스" 하고 아이들이 달려와서 필로스의 등과 머리를 어루만졌다. 필로스는 짧은 꼬리를 흔들며 답례했다.

필로스의 산책 코스는 어느 것이나 내가 알지 못하는, 생전에 아내가 보던 광경인 듯했다.

이윽고 강둑으로 나왔다. 노견은 커다란 엉덩이를 좌우로 흔들며 걷다가 꽃과 풀과 전봇대와 길바닥에 떨어진 잡동사니에 관심을 주고 코를 바짝 갖다 댔다. 그리고 때때로 뭔가를 알려 주려고 고개를 돌려 이쪽을 쳐다보았다.

나도 필로스를 따라 강둑에 펼쳐진 풍경을 바라보았다. 술래잡기를 하는 아이들. 배드민턴을 치며 노는 가족. 조깅하는 젊은이. 그 앞에는 큰 강이 흐르고 석양이 반사된 수면이 반짝반짝 빛났다.

강가에 죽 늘어서 있는 벤치 앞에 필로스가 느닷없이 풀썩 주저앉았다. 지쳤다기보다는 늘 그래 왔던 모양이다. 하는 수 없이 나도 벤치에 앉았다.

그때 캉! 캉! 하는 금속을 마찰하는 소리가 들려왔다.

귀에 익은 소리였다. 귓가에 내내 맴도는, 잊히지 않는 소리. 내가 좋아하는 소리다.

눈을 감자 눈물이 핑 돌았다.

그곳은 내가 일하던 공장의 뒤편이었다.

아내는 늘 여기서 쉬었던 걸까?

눈꺼풀 뒤로 필로스와 공장을 바라보는 아내의 모습이 어

Story 2
영원히 변치 않는 사랑

른거렸다.

필로스는 정다운 친구 같다.

필로스는 한번 사랑을 주면 영원히 거두지 않는다.

말을 주고받을 수 없어도
쭉 곁에 있고 싶습니다.

Story 3

아빠의 건강 지킴이

반려견에게 산책은

하루도 빼놓을 수 없는 중요한 일과입니다.

적당한 운동이 될 뿐만 아니라 정신적인 안정과 스트레스 경감

효과가 있고 또 주인과의 커뮤니케이션도 됩니다.

반려견을 기르고 나서야 산책을 하게 되었는데 그 결과

규칙적인 생활을 하게 되고, 건강을 유지하는 데도 크게

도움이 되었다는 사람들이 많습니다.

반려견과 사는 가정에서는 감기나 배탈 등의 경미한 질환에

걸리는 비율도 낮다고 합니다. 실제로 "반려견을 기르기

시작하고서 요 몇 년간 전혀 감기에 걸리지 않았습니다"라고

말하는 분도 의외로 많았습니다.

반려견과 사는 장점은 건강만이 아닙니다.

자녀들의 비행율이나 부부의 이혼율도 줄어듭니다.

물론 반려견이 어떤 특수한 능력을 지녀서 그런 것은

아닙니다. 그보다는 집안에 반려견이 있으면 연령과 성별을

초월한 화제가 생기기 쉽기 때문이라고 할 수 있습니다.

어린 자녀들도 나이가 들어 가면서 사고방식이나 취미,

관심사 등이 변화합니다. 학교에서 돌아와도 부모와의

대화는 점점 줄어들게 마련입니다. 그래도 사랑하는 반려견에

대한 관심과 화제는 연령을 불문하고 변하지 않습니다. 이는
부모 자식 관계에서만이 아니라 남녀 사이에도 해당됩니다.
불타는 연애 끝에 맺어진 부부라도 긴 세월이 지나면 취미와
관심사가 변화하고, 아이두 자립하여 정년을 맞이할 무렵에는
부부 간에 대화가 거의 없어지게 됩니다.
하지만 사랑하는 반려견만은 언제까지나 공통된 화제를 주는
존재입니다.

현대의 개는 스스로를 돌보지 못합니다.
아무리 배가 고파도 주인이 주는 먹이만 기다릴 뿐입니다.
말하자면 개들은 우리 주인에게 생명을 맡기고 있습니다.
우리가 돌봐 주지 않으면 죽게 됩니다.
이처럼 '한 생명을 맡는다'는 자각은 우리에게 사는 목적과
보람을 일깨워 줍니다.

일을 그만두고 사는 보람을 잃은 고령자에게도 반려견과
사는 것은 하나의 생명을 책임지는 중대한 일이 됩니다.
반려견이 증진시켜 주는 것은 육체의 건강뿐만이 아닙니다.
끊임없는 커뮤니케이션과 사는 보람을 일깨워 마음의
건강까지 증진시켜 줍니다.

| 아키 |

아빠를 부탁해

0살 된 치와와(♂)를 선물한
서른여덟 살 여성으로부터

오랜만에 본가에 가서 마당 청소를 도와주었다.

아빠는 툇마루에서 책을 한 손에 들고 장기판을 노려보며 대치하고 있었다. 늘 보던 익숙한 광경이다.

아빠는 오래전에 외출할 기회를 잃었다.

막 정년퇴직하고서는 근처 도서관에 가거나 쇼핑센터에 구경 가거나, 대중목욕탕을 다니며 자유로운 하루를 만끽했다.

하지만 그것도 1년이 채 가지 못했다.

집과 직장만 몇십 년이나 오고가다 보니 "갑자기 어디든 갈 수 있게 되니까, 막상 어디에 가면 좋을지 모르겠구나"라고 말했다. 그리고 갈 곳이 더 이상 생각나지 않자 집에서 거의 나가지 않게 되었다.

고독한 연금생활이 시작된 것이다.

Story 3
아빠의 건강 지킴이

이대로 아빠가 치매에라도 걸리면 어쩌나 걱정이 이만저만이 아니었다.

그래서 나는 행동에 나섰다.

아빠의 생일에 지인에게 분양받은 치와와 새끼를 선물한 것이다.

반려견과 산책을 하면 필연적으로 외출하게 되리라.

그러면 아빠의 생활에도 활기가 돌지 않을까?

하지만 아빠는 너무나도 완고한 사람이었다.

이전에도 "여행이라도 가면 어때?", "근처 모임에 나가 보면?", "새로운 취미를 가지면?" 하고 팸플릿 등을 보여 주면서 제안했지만 아빠는 모조리 거부했다.

치와와를 처음 봤을 때도 "내가 개를 어떻게 키우냐?"라며 거부했다.

"딸한테 그런 시시한 걱정을 끼친다는 소리는 듣고 싶지 않구나"라고도 말했다.

틀림없이 자존심에 상처를 입었을 것이다.

하지만 나는 굽히지 않았다.

우리는 1시간가량 말다툼을 벌였다. 감정적으로 말하기도 했다. 하지만 내 마음만은 전해졌다. 아빠가 이대로 치매에 걸리는 건 아닐까, 우울증에 걸리지는 않을까, 걱정이 되어 견딜 수가 없다는 걸 진심을 다해 전했다.

그렇기에 내가 울면서 강아지를 데리고 돌아가려고 하자 아빠가 "두고 가"라고 말했던 것이다.

그 이후로 아빠와는 한동안 연락을 하지 않았다.

그래서 아빠에게 전화가 왔을 때는 놀랐다.

아빠는 내가 전화를 받자마자 "이름은 아키라고 했다"라고 말했다.

특별한 이름은 아니다. 엄마는 나쓰코이고, 내가 하루카니까(일본어로 나쓰코(夏子)의 나쓰(夏)는 여름, 하루코(春子)의 하루(春)는 봄, 아키(秋)는 가을이라는 뜻이다-역주).

아빠의 목소리는 평온했다.

아키를 키우기 시작하고서 할 일이 늘었다고 한다.

산책 중, 다른 반려견을 키우는 주인과도 만났다. 거기에서 이야기 상대가 생겼다. 그렇게 반려견을 키우는 사람들과 친분이 생겼다. 삶이 조금씩 즐거워졌다고 한다.

어느 날, 마당에 구멍이 생겼다고 한다.

뭔가 이상해서 파 보니 흙 속에서 주머니가 나왔다.

그 안에서 장기말이 후드득 쏟아졌다.

아키의 짓이다.

왜 그런 짓을 하는지 궁금해서 조사해 봤더니 개과 동물이 야생동물로 살던 시절의 흔적이라는 걸 알았다고 한다.

늘 먹이를 구할 수 있다고 장담할 수 없으니 나중에라도 먹을 수 있게 누구도 찾지 못하는 곳에 구멍을 파고 흙으로 덮어 감추는 습성이 생겼다는 것이다.

그렇다면 왜 장기말을 숨긴 것일까? 왜 누구에게도 빼앗기고 싶지 않다고 생각한 것일까?

아무리 생각해도 이해가 되지 않았다고 했다.

하지만 그때 개는 참 재미있는 동물이라고 생각했다고 했다.

아빠는 그렇게 말한 뒤, 전화기에 대고 분명하게 "고맙구나"라고 내게 말했다.

아빠의 외통 장기는 아직 끝나지 않은 모양이다.

아키는 아빠의 무릎 위에서 편안하게 잠들어 있었다.

당신이 소중히 여기는 것은
내게도 분명히 소중합니다.

Story 3
아빠의 건강 지킴이

100퍼센트의 진심으로 다가오는 개

이름에는 갖가지 바람이 담겨 있습니다.

물론 우리 인간에게도 '이름'이란 것은 매우 중요합니다.

하지만 일상적으로 그렇게까지 중요하게 여겨지는 않습니다.

대부분은 서로를 구별하기 위한 기호로서

파악하고 있을 겁니다.

반면 반려견에게 '자신의 이름'이란

조금 다른 의미를 갖습니다.

반려견은 자신의 이름을 부르는 목소리 안에서 주인의 애정과

감정의 정도를 읽어 냅니다.

감수성이 풍부한 반려견은 목소리의 아주 작은 울림의

차이로도 자신에게 애정이 있는지, 무관심한지, 공격적인지를

꿰뚫어 볼 수 있습니다.

또 그런 감정의 차이만이 아니라 그 정도도 느낄 수 있습니다.

즉 이름을 슬쩍 부르기만 해도 그 개는 자신을 별로 좋아하지

않는지, 어렴풋이 좋아하는지 못 견디게 좋아하는지, 그날의,

그 순간의, 주인의 감정을 알 수 있습니다.

반려견에게는 말의 '의미'가 아니라 '울림'이 중요합니다.

인간의 말은 아주 편리한 도구지만 딱 하나의 결점이

있습니다. 바로 '거짓말을 하는' 데 쓰일 수 있다는 것입니다.

하지만 반려견은 말의 의미를 알지 못하기 때문에 우리와

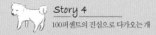

소통하기 위해 눈의 반짝임, 체온, 심장박동, 체취의 변화

등으로 정보를 읽어 내려고 합니다.

말은 거짓말을 하지만 체온과 체취는 거짓말을 하지 않으므로

반려견은 늘 우리의 본심을 읽어 냅니다.

따라서 사랑하는 반려견에게 뭔가를 하는 척하거나 연기를

해봤자 아마 무의미할 것입니다.

반려견과 서로 마음을 공유하려면 진심으로 대하는 수밖에

없습니다.

반려견과 달리 우리가 반려견에게 하루 종일 애정을 쏟는 것은

불가능할지 모릅니다.

그러니 하다못해 사랑하는 반려견의 이름을 부르는

순간만이라도 그 말의 울림에 최대한 애정을 담기를 바랍니다.

우리 인간은 어린 시절부터 '인간은 거짓말을 한다'는 것을

알고 있습니다.

그래서 평소에 무의식적으로 다른 사람들과 대화를

나눌 때만이 아니라 신문과 텔레비전을 보거나 전화와

문자를 하는 도중에도 숨어 있는 거짓말을 발견하려고 합니다.

특히 문명이 발전된 사회에서는 아침에 일어나고 나서

잠이 들 때까지 수많은 말이 우리의 눈과 귀에 들어오므로

우리는 깨어 있는 사이에 끊임없이 "그 말은 진실인가,

거짓인가"를 판정하게 됩니다.

그것은 큰 스트레스가 되어 우리를 괴롭힙니다.

하지만 집에 돌아갔을 때 우리를 맞이해 주는 반려견의 몸짓에

거짓말은 없습니다.

100퍼센트 진심입니다.

그러니 반려견과 사는 사람들은 안심하고 마음의 경계를 풀고

편안한 시간을 보낼 수 있는 것입니다.

| 오마에* |

살아 있는 습득물

세 살 된 그레이트 피레니즈(♀)와 만난
스물아홉 살의 남성으로부터

어느 무더운 여름날, 파출소에 커다란 습득물이 도착했습니다.

"너, 엄청 크구나."

개와 고양이가 '습득물'로 파출소에 들어오는 일은 이전에도 종종 있었습니다. 하지만 이렇게 큰 개는 처음입니다.

신고서를 작성하기 위해 마침 반려견을 산책시키던 사람에게 물어보니, 아무래도 '그레이트 피레니즈(Great Pyrenees: 피레네 산맥에서 양을 지켜 온 산악견으로 키 65∼82cm, 체중 41∼59kg의 초대형 개다-역주)라는 견종인 듯했습니다.

개는 심하게 더러워서 원래는 하얬을 털이 오래 쓴 대걸레

---

* **おまえ** : 일본어로 '오마에'는 너, 상대방을 허물없이 부르는 2인칭 대명사로 여기서는 개의 이름을 가리킨다

처럼 보였습니다. 파출소 안에 들어온 순간, 특유의 냄새가 순식간에 퍼졌죠.

사실 나는 큰 개가 조금 무서웠습니다. 어린 시절, 이웃집에서 키우던 허스키에 쫓겨서 울음을 터트린 기억이 있기 때문입니다. 경관으로서 부끄러울 정도로 겁이 나서 그 덩치 큰 개를 파출소 앞에 매어 놓았습니다.

줄에 매놓자마자 지나는 사람들의 시선이 쏠렸습니다. 이렇게 눈에 띄는 개라면 틀림없이 근처에서 알 만한 개일 테니 바로 주인이 데리러 올 것이라 생각했습니다.

습득물의 보관 기한은 일주일로 정해져 있습니다.

물건이라면 총무과에 전달하면 그만이지만 생물의 경우는 보건소 직원이 데리러 오게 됩니다. 유기견일지라도 그때까지만 기다리면 된다고 생각하고 참기로 했습니다.

그런데 3일이 지나도 아무런 소식도 없었습니다. 개 주인이 반려견을 잊어버린 채 오래 집을 비우고 있는지도 모릅니다. 아니면 일부러 멀리서 이곳까지 와서 버렸는지도 모릅니다. 어느 쪽이든 이 개의 존재가 내내 마음이 쓰여서 근무에 집중할 수가 없었습니다. 장소를 가리지 않고 아무 데나 똥

오줌을 싸고서 그 위를 걷거나 주저앉아 버리는 통에 악취가 진동했습니다.

입으로 숨을 쉬면서 도시락을 먹고 있자니 파출소 옆에 사는 아주머니가 "이기 쓰실라우?" 하면서 개용 브러시와 샴푸를 가져다 주었습니다. 개를 만지고 싶지 않아서 바로 거절했더니 "이 일대에 악취가 진동한다우. 더 이상 방치하면 이웃에 폐를 끼치고 동물을 학대한다고 고소할 거예요"라고 했습니다. 농담처럼 말하긴 했지만 눈은 전혀 웃고 있지 않아서 하는 수 없이 아주머니댁의 마당을 빌려 개를 씻기기로 했습니다.

나 같은 겁쟁이에게 이렇게 큰 개를 씻기는 일은 어떤 의미에서는 수상한 자를 쫓는 것보다 더 큰 용기가 필요했습니다.

가까이서 보니 마치 백곰처럼 보였습니다. 갑자기 난동을 부리면 어떡하지, 하는 불안과 싸우면서 겁에 질린 채로 나는 목장갑을 낀 손으로 조심조심 브러시로 털을 빗겼습니다.

개는 내 얼굴을 지그시 바라보았습니다. 지나가던 초등학생들도 쳐다보았습니다. 조심조심 브러시에 힘을 주고 털을 빗기자 개는 눈을 가늘게 떴습니다. 그대로 마당 가에 데리고 갔습니다. 수도꼭지를 틀어 호스에서 물이 나오자 개가 조금 뒤로 물러났습니다. 하지만 다가가도 겁을 내는 것 같지는 않아서 전신에 물을 뿌리고 양손으로 샴푸를 문질러 씻겼습니다. 개는 그래도 얌전히 있었습니다. 점점 개를 씻긴다기보다 세차를 하는 것처럼 느껴졌습니다. 깜박하고 개의 얼굴에 샴푸를 묻혔더니 개는 큰 몸을 박력 있게 털어 내며 주위에 엄청난 물거품을 날렸습니다.

"너! 임마! 얌전히 있어!"

양손으로 얼굴을 가리면서 소리 지르자 아까부터 안을 기웃거리던 초등학생들이 웃음을 터뜨리는 모습이 보였습니다.

깨끗해진 개는 내 코끝을 할짝 핥았습니다.

화들짝 놀라 엉덩방아를 찧었더니 초등학생들이 다시 까르르 웃었습니다.

털을 말리고 나서 햇볕이 잘 드는 파출소 앞에 매어 놓으니 개는 편안한 모습으로 엎드려 누웠습니다. 그 모습을 본 사람들은 "와 크다"라고 말을 걸거나, 손을 내밀어 주었습니다.

초등학생들에게도 인기였습니다.

"저, 이 녀석 이름이 뭐예요?"

"이름은 몰라."

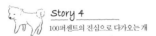

Story 4
100퍼센트의 진심으로 다가오는 개

"그러면 이름 지어 줘도 돼요?"

"안 돼. 새로운 이름을 지어 주면 개 주인이 곤란해지겠지?"

"그러면 순경 아저씨는 뭐라고 불러요?"

"……너?"

"너요? 이상해요."

그런 대화를 주고받는 모습을 '너'는 꼬리를 흔들면서 듣고 있는 것 같았습니다.

파출소에서 피레니즈 견을 맡고 있다는 소식을 듣고 근처에 사는 반려견을 사랑하는 사람들도 많이들 방문하여 "선선한 시간대에 자주 산책시켜 줘야 해요"라거나 "더위에 약하니까 되도록 에어컨을 켠 곳에 두세요"라거나 "수시로 빗질을 해 주는 게 좋아요" 같은 여러 조언들을 해 주었습니다. 덕분에 나는 반려견을 산책시키랴, 빗질하랴, 몹시 바빴습니다.

그렇게 1주일이 지나고 보건소의 수송 차량이 왔을 때, 나는 경관답게 "수고하십니다" 하고 경례했지만 아직 마음의 준비는 하지 못한 채 직원을 맞이했습니다.

하얀 개는 비를 막는 널빤지만 얹은 허술한 개집 안에서 쌓인 눈처럼 소담하게 웅크리고 앉아 있었습니다. 평소에는 사람이 오면 바로 벌떡 일어났는데 이날은 초로의 보건소 직원이 아무리 불러도 미동도 하지 않았습니다. 자신을 어디로 데리고 가려는지, 이 개는 알고 있는 것 같았습니다.

모르긴 몰라도 체중이 족히 50킬로그램이 넘을 겁니다. 과연 반려견을 다루는 데 익숙한 직원도 혼자서 끌고 가기에는 무리라고 판단했는지 "어이, 너!" 하고 불렀습니다. 그러자 개가 화들짝 놀라 고개를 들었습니다.

"이봐 너! 오늘은 이 사람과 산책할 거야. 이리 나와."

그러자 개는 느릿느릿 개집에서 나와 꼬리를 살랑살랑 흔들었습니다.

"오호, '너'가 자기 이름이라고 생각하는구나" 직원이 기특한 듯이 말했습니다.

확실히 그럴지도 모르지만 이제 그 이름도 필요 없어지겠죠. 내가 할 수 있는 일은 최대한으로 했다. 어쩔 수 없다. 원망할 거면 주인을 원망해라. 그렇게 마음속으로 뇌까리면서 "너, 자 어서 가"라고 엉덩이를 툭 친 그때였습니다.

'너'는 저항하지도 않고 슬픈 표정을 짓지도 않았습니다. 그저 내 코끝을 할짝 핥았습니다.

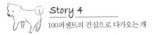

Story 4
100퍼센트의 진심으로 다가오는 개

그 순간, 내 머릿속에 동네를 다니던 사람들의 목소리가 되살아났습니다.

너, 널 보러 놀러 왔어.

너, 내 주인은 인제 널 데리러 오려나?

너! 손! 좋아! 그러면 너! 다음에는 앉아!

어이 너, 육포 가져왔어.

그러자 왜인지는 몰라도 견딜 수 없는 기분이 되어 나는 엉겁결에 내뱉고 말았습니다.

"이 개는 제가 맡겠습니다."

"네?" 보건소 직원이 입을 쩍 벌렸습니다.

"이 피레니즈를요? 에이 농담 마세요."

나도 내 말에 놀랐지만 직원이 그대로 '너'를 데리고 가려고 해서 고개를 숙이고 조금 더 큰소리로 말했습니다.

"죄송합니다. 이쪽에서 부탁해 놓고 드릴 말씀이 없지만, 역시 제가 맡도록 하겠습니다."

직원은 한동안 잠자코 있다가 "알고 있습니까?"라고 날카로운 눈으로 이쪽을 바라보았습니다.

"한 해 동안 몇 마리의 반려견이 살처분당하는지 알고 있어요?"

나는 '너'의 등에 손을 얹은 채 대답하지 못하고 가만히 있었습니다.

"2만 마리입니다. 인간은 그만한 수의 '내 반려견'을 타인에게 맡겨 죽이고 있어요. 그 원인이 '키우지 못하게 되어서'나 '싫증이 나서'만은 아닙니다. 순경 아저씨처럼 그런 일시적인 감정에 휘둘리는 '정'도 원인 중 하나입니다."

"하지만" 나는 이제 빼도 박도 못하게 되었습니다. "저는 이 녀석만이라도 지켜 주고 싶습니다."

직원은 후, 하고 긴 한숨을 쉬었습니다. 그런 말은 벌써 몇 번이나 들어서 넌더리가 난다는 듯했습니다.

"키우고 싶은 개와 키울 수 있는 개는 다릅니다. 실례지만 댁은 독신자 기숙사에 살고 있지 않나요?"

내가 고개를 끄덕이자 직원은 "그럼 무리예요"라고 딱 잘라 말했습니다.

"피레니즈처럼 특수한 대형견을 보통 사람이 기를 수 있을 거라 생각하세요? '열심히 돌봐줄 수 있느냐 아니냐' 하는 차원의 문제가 아닙니다. 기를 수 있는 환경이 필요합니다. 기를 수 있을 만한 경제력도 필요하고요. 반려견을 기르기 전에는 누구나 반려견을 위해 심사숙고하고 많은 노력을 하겠

다고 약속합니다. 하지만 그 후에 이사를 해야 해서, 길들여지지 않아서, 병에 걸려서, 그런 간단한 이유로 아무렇지도 않게 우리에게 데리고 온다고요. 이렇게까지 힘들 줄 몰랐다, 죄송하다, 어떻게든 될 줄 알았는데 안 됐다, 그때는 이미 늦습니다."

직원의 말에 나는 아무런 반박도 할 수 없었습니다. 기르고 싶다는 열의만으로는 어떻게도 할 수 없는 게 있겠죠.

그의 말마따나 나는 키울 수 없을지도 모릅니다. 하지만 다행히 근처에 있는 내 본가에는 마당이 있습니다. 반려견을 기를 수 있는 공간이 있습니다. 그곳에 두고 날마다 다니며 돌봐 주자. 사료비나 약값은 적은 급료지만 아껴서 부담하자. 너무 만만하게 생각하는지도 모르지만 왠지 불가능한 일은 아닌 것처럼 느껴졌습니다.

결혼도 하지 않고 반려견을 덜렁 데리고 오다니…… 분명히 그런 싫은 소리 한두 마디는 듣겠죠. 부모님에게 폐만 끼치고 나는 최악의 아들입니다. 하지만 성가신 일을 늘리는 만큼 앞으로도 더 효도하자고 생각했습니다.

나는 인간의 생명을 지키고 싶어서 경찰관이 되었습니다.

나 자신도 다른 사람의 도움을 받아 두 번이나 목숨을 구했기 때문입니다. 한 번은 미숙아로 태어나서 숨이 끊어지려는 순간에 의사 선생님이 필사적으로 치료하여 살려 주었습니다. 다른 한 번은 어린 시절, 강에서 떠내려가는 순간에 전 소방대원인 형이 구해 주어 간신히 살아났습니다.

하지만 나는 아직 아쉽게도 다른 사람의 생명을 구한 적이 없습니다. 그래도 눈앞에 있는 이 생명을 구하는 일이라면 할 수 있을지 모릅니다. 그래서 "부탁이니까 부디 저에게 맡겨 주세요"라고 다시 한 번 고개를 숙였습니다.

직원은 아무 말 없이 서 있었습니다.

하지만 얼마 안 있어 "그러시다면 잘 부탁드리겠습니다"라는 말을 남긴 채 그대로 돌아갔습니다.

그날 '너'를 맡기로 결정한 것을 한 번도 후회한 적이 없습니다. 그 후 '너'는 네 마리의 새끼를 낳고 각각 마음씨 고운 가정에 입양 보냈습니다.

그레이트 피레니즈의 새끼는 마치 솜인형처럼 사랑스러워서 얼핏 보면 이런 몸집의 초대형견으로 자란다는 것을 상상하기 어려울지도 모릅니다.

Story 4
100퍼센트의 진심으로 다가오는 개

그래서 새끼 강아지를 맡아서 기르겠다고 한 사람에게는 자세히 설명했습니다. 그날의 '너'처럼 슬픈 생각을 해야 하는 강아지가 한 마리도 없도록, 그렇게 간절한 바람을 담아 떠나 보냈습니다.

어쩌면 이 세상에 나오지 못했을 생명들.

"다들 행복하게 살았으면 좋겠지?"

뺨을 대자 너는 코끝을 할짝 핥아 주었습니다.

과거로 돌아갈 수는 없어도
새로 시작할 수는 있습니다.

개는 언제나 직진

개는 한번 좋아하게 된 사람은 영원히 좋아합니다.
설령 냉대를 받아도 괴롭힘을 당해도 매몰찬 대접을 받아도,
일단 좋아하게 된 사람을 싫어하게 되는 일은 없습니다.
원망하지도, 앙심을 품지도, 집을 나가지도 않습니다.
개는 다시 한 번, 자신을 좋아해 주던 시절처럼, 그 사람이
돌아오기만을 기다릴 뿐입니다.

반대로 개는 한번 '싫다'고 판단한 사람(혹은 개)을 나중에라도
좋아하는 일이 드뭅니다. 절대로 무리라고는 할 수 없지만
한번 미움을 사면 개의 마음을 얻기까지 상당한 노력과
시간이 필요합니다.
하지만 반려견의 주인이 이런 문제를 걱정할 필요는 없습니다.
같이 살고 같이 밥을 먹고 같이 걷는 생활을 계속하는 한,
반려견이 주인을 싫어하게 될 일은 결코 없습니다.
기본적으로 반려견은 같은 리듬으로 사는 친구를 몹시
좋아합니다.

인간은 흔히 이렇게 말합니다.
"엄마는 말 안 듣는 아이를 싫어해."
"그 사람은 할 때는 하는 성격이야. 그래서 좋아."

Story 5
개는 언제나 직진

이러한 생각을 반려견은 전혀 이해하지 못합니다.

개는 좋고 싫고를 판단하는 데 맥락이라는 게 없으니까요.

즉, '~을 해 주니까', '~을 해 주지 않으니까'

같은 이유가 개에게는 없습니다.

좋아하니까 좋아하고 싫어하니까 싫어합니다.

개는 언제나 직진입니다.

계산하지 않고 감성으로 삽니다.

사랑하는 반려견을 툭하면 야단치는 사람이 많습니다.

원치 않는 행동을 했을 때, 즉시 야단쳐서 고치려고 합니다.

하지만 하루 중 80퍼센트 야단맞고 20퍼센트는 칭찬받는

반려견보다, 80퍼센트 칭찬을 받는 반려견들이 주인과

마음이 더 잘 통하게 됩니다. 반려견은 주인이 바라고 칭찬해

주는 행동을 더 잘하기 때문입니다.

아무리 으르렁거리는 반려견이나 장난이 심한 반려견,

무뚝뚝한 반려견도 주인을 죽을 때까지 좋아합니다.

지금 당장 주인이 다정하게 대해 주기만을 오매불망

기다리고 있습니다.

| 럭키 |

행복을 부르는 이름

네 살 콜리(♧)를 기르는
열다섯 살 소녀로부터

엄마가 친척집에서 태어난 콜리 강아지를 데려왔을 때, 너무나 예쁜 모습에 나는 잠시 넋을 잃었습니다.

옅은 밤색과 흰색의 부드러운 긴 털에 매끈한 얼굴, 날렵한 코, 초롱초롱한 눈을 한 개는 흡사 왕자님 같았습니다.

내가 '헨리'로 할까, '에드워드'로 할까 갈팡질팡하는 사이에 나이 차이가 나는 남동생이 "럭키가 좋아"라고 하는 바람에 그 자리에서 '럭키'라고 정해졌습니다.

나는 이후에도 열심히 '헨리'라고 불렀지만 전혀 돌아봐 주지 않아서 결국 '럭키'로 낙착되었습니다.

럭키는 다정한 개로 특히 아빠를 잘 따랐습니다. 아빠가 회사에서 돌아오면 늘 아빠 뒤를 졸졸 따라다녔습니다. 너무 달라붙어서 아빠는 자주 럭키에게 걸려서 넘어질 뻔했습니

다. 그때마다 아빠는 "넘어져서 다친다! 럭키!"라고 화를 냈는데 나는 늘 '어느 쪽이?' 하고 몰래 웃었습니다.

아빠도 엄마도 일을 했으므로 저녁밥을 짓거나, 남동생을 돌보는 것은 내 몫이었습니다.

동급생 친구들이 "힘들겠다"고 말해 주었지만 나는 그렇게 힘들다고 느끼지 않았습니다.

집안일을 돕는 나를 위해 근처에 사는 아주머니들이 음식을 만들어 주거나, 남은 반찬을 덜어 주거나, 남동생을 잠시 맡아 주는 등 늘 친절하게 대해 주셨기 때문입니다.

다만 밤에는 조금 힘들었습니다.

아빠는 매일 일하느라 늦게 퇴근했습니다. 그게 원인이 되어 늘 엄마와 부부싸움을 했습니다. 일 때문에 피곤해서였을까요? 아빠는 술에 취하면 기억을 잃었습니다. 그러면 평소와 다른 아빠가 조금 무서웠습니다.

어느 날 아침, 부엌에 있는 엄마를 보니 입가가 찢어져 있었습니다. 눈가가 빨갛게 부은 엄마는 "살짝 넘어져서 부딪혔어"라고 말했습니다. 하지만 그건 아무리 봐도 거짓말이었습니다. 남동생은 "엄마 바보같이 딴 생각했구나!"라고 말하고 웃었지만 나는 충격으로 말이 나오지 않았습니다.

그로부터 수 개월 후, 엄마를 기쁘게 하고 싶어서 나와 남동생은 깜짝 파티를 준비했습니다. 집안의 불을 전부 꺼놓고 엄마가 돌아오면 안쪽에서 초를 꽂은 케이크를 든 남동생이 등장, 엄마의 생일을 축하한다는 계획이었습니다. 엄마가 퇴근하는 시간은 늘 정해져 있어서 나는 평소보다 빨리 집에 왔습니다.

그런데 예정 시간보다 일찍 현관에서 소리가 났습니다. 당황해서 성냥불을 붙이는 순간, 현관이 아니라 2층에서 쿵, 하고 소리가 났습니다.

도둑인가? 겁이 나서 쭈뼛거리며 2층에 올라가니 촛불에 비친 것은 도둑이 아닌 꼬리를 흔들고 있는 럭키였습니다. 그리고 그 뒤로 아빠가 겸연쩍은 표정으로 서 있었습니다. 손에는 선물이 든 봉투가 들려 있었습니다.

"럭키한테 걸려 넘어지는 바람에."

아빠도 평소보다 일찍 퇴근해서 엄마를 놀래 주려고 2층에 숨어 있었던 것입니다.

그날 저녁은 몹시 즐거웠습니다. 부모님도 사이좋게 담소를 나눴습니다. 날마다 이렇게 저녁을 먹으면 얼마나 좋을까요? 아빠는 요즘 우리가 모두 잠든 고요한 시간에 럭키를 산책시킨다고 합니다. 산책에 데리고 가 줄 때까지 아빠의 얼굴을 하도 핥아서 잠자기 전에 산책을 나설 수밖에 없게 되었다나요. 그리고 밤 산책이 꽤 힘들어서 술을 삼가야겠다고 생각하게 되었다고 합니다.

만약에 럭키가 없었더라면 아빠는 지금쯤 더 심하게 폭력을 휘둘렀을지도 모릅니다. 이게 다 럭키 덕분입니다.

럭키의 긴 꼬리를 어루만지면서 남동생이 불현듯 말했습니다.

"럭키가 우리 집에 왔을 때, 난 애 이름을 꼭 럭키라고 짓고 싶었어."

"왜?" 가족 모두가 남동생을 바라보았습니다.

"럭키(lucky, 행운)가 오면 기쁘잖아? 가족끼리 럭키, 럭키 하고 부르면 모두가 행복해질 것 같아서."

남동생의 말을 듣고 나는 화들짝 놀랐습니다. 늘 어린 남동생이 부모님에 대해 쓸데없이 걱정하지 않도록 나름대로 노력했다고 생각했는데 남동생도 나름대로 이런저런 걱정을 했던 것입니다.

"오랜만에 다 함께 럭키랑 산책할까?" 아빠가 제안했습니다.

엄마는 곤란한지 기쁜지 모를 얼굴을 하고 아빠와 함께 산책에 나섰습니다.

"럭키 어디에 있니? 아아, 거기에 있었구나."

가족은 한 자리에 머무는 것이 아니라
조금씩 자라는 것.

안심할 수 있는 향기

개의 후각은 아주 뛰어납니다.

얼마나 뛰어난가 하면 집중했을 때에는 4킬로미터 앞에 있는

친구와 적을 알아차릴 수 있다고 합니다.

이 특수한 능력을 안 인류가 개를 사냥감을 쫓는 데

이용하면서 범인의 추적과 매몰된 피해자의 구조에도

한 역할을 하게 되었습니다.

그리고 최근의 연구에서는 개의 후각에 대한 새로운

가능성이 발견되었습니다.

개의 후각이 아주 멀리서 나는 냄새를 맡거나, 미세한 냄새를

식별할 수 있을 뿐 아니라, 마치 인간의 언어처럼 몸 상태의 변

화나 희로애락, 환경의 변화 양상 등을

감지하거나, 다른 개에게 전달하는 데 활용된다는

추측이 제기된 것입니다.

즉, '맛있을 것 같은 냄새', '썩은 냄새', '꽃 냄새' 같은

외적인 것만이 아니라 '슬픈 냄새', '우울한 냄새',

'의욕적인 냄새', '만족스러운 냄새'와 같은 내면적인 것까지도

언어가 아니라 냄새를 통해 정보를 교환할 수 있을지

모른다는 것입니다.

자신의 주인이 지금 무엇을 생각하고 있는지, 자신을 어떻게

생각하고 있는지. 기뻐하는지, 슬퍼하는지.

Story 6
안심할 수 있는 향기

개의 예리한 후각은 읽어 내려고 합니다.

틀림없이 고대의 인간에게도 이러한 능력이 있었을 것입니다.

하지만 언어의 발달과 함께 영영 잊혀졌겠죠.

우리는 언어를 발달시키고 엄청난 문명을 일으켰습니다.

과거에 일어난 일을 현대에 배우고 그것을 미래에 전할 수도

있거니와 본 적도 없는 먼 나라에 대해 자세히 알 수도

있습니다.

하지만 언어가 존재하기 때문에 자신의 기분을 전하려면

상대가 잘 알아듣게 말하는 것이 필수가 되었습니다.

반면 반려견과 시간을 보낼 때에는 그럴 필요가 없습니다.

마음의 경계를 풀고 안심하고 터놓고 친분을 맺을 수

있습니다.

그것은 분명 우리의 스트레스를 해소하고 치유해 줄 근사한

시간입니다.

엄마라는 증명

다섯 살 된 잡종견(♂)과
세 살 된 잡종견(♂)을 기르는
열두 살 소년으로부터

다로와 지로는 우리 집에서 기르는 잡종개다.

하얗고 털이 짧은 다로와 갈색에 털이 긴 지로.

지로는 내 무릎에 올려 안을 수 있을 정도로 조그만 개였지만 다로는 내가 등에 탈 수 있을 정도로 큰 개였다.

매일 중학생인 형은 큰 다로를 초등학생인 나는 조그만 지로를 데리고 함께 산책했다.

하지만 산책 중에는 늘 큰 다로만이 근방에 사는 사람들에게 주목을 받았다. 모두 "와 크다!", "멋지게 생겼다! 만져도 돼?", "백곰 같아!"라고 말을 걸어왔다.

나는 인기 있는 다로와 멋지게 산책하는 형이 부러워서 늘 "나도 다로랑 산책하게 해 줘"라고 부탁했다. 엄마는 그럴 때마다 "절대 안 돼. 다로를 산책시키는 건 너무 일러"라고 엄하

게 금지했다.

엄마의 입버릇은 '안 돼'였다.

저녁 5시 이후에 귀가하면 안 돼. 아이스크림을 하루에 2개 이상 먹으면 안 돼. 화장실 문을 열어 놔도 안 돼. 아, 이것들은 납득할 수 있다.

하지만 다로에 대해서만큼은 불만스러웠다.

엄마는 나와 다로 사이를 잘 모른다.

나는 날마다 형과 산책하는 다로를 유심히 관찰했다.

다로는 덩치가 컸지만 내 말을 잘 듣는 개다.

내가 절반은 장난삼아 꼬리를 당기거나 입안에 손가락을 쑤셔 넣어도 전혀 화내지 않았다.

만약에 다로가 날뛴다고 해도 괜찮았다.

나는 남자고 반에서도 완력이 센 편이라서 반려견을 제압할 수 있으리라 믿었다.

그렇게 자신한 나는 무슨 일이 있어도 꼭 다로를 산책시키고 말겠다고 결심했다.

그리고 어느 날, 마침내 그 결심을 실행에 옮겼다.

엄마가 외출한 타이밍을 노려서 나는 혼자서 다로와 지로를 산책에 데리고 나갔다.

반려견을 두 마리나 산책시키다니. 나는 나 자신에게 흥분했다.

틀림없이 근처에 사는 이웃들도 "대단하네"라고 칭찬해 주리라고 생각했다.

우연히 친구들과 만나면 자랑해야겠다고, 오늘은 평소보다 먼 공원에 가야겠다고 생각했다.

하지만 그런 마음의 여유도 바로 사라졌다. 집을 나오고 얼마 안 있어 다로의 움직임이 예사롭지 않았다. 다로는 평소와 같이 곧장 가는 게 아니라 지그재그로 걸으며 전신주나 담벼락에 코를 누르면서 엄청난 힘으로 나를 잡아끌었다.

내가 버티며 멈춰 서자 어깨가 빠질 것처럼 강한 힘이 느껴졌다.

그래도 나는 어떻게든 놓치지 않으려고 손목에 목줄을 친친 감았다. 하지만 그것은 잘못된 선택이었다.

목덜미가 조여서 아픈지 다로가 더 힘을 쓰는 통에 순식간에 손목이 퍼렇게 되었다. 줄을 빼야 하나, 하고 우물쭈물하는 사이에 휙 끌려가 버렸다. 손목에 감은 목줄이 풀리지 않아서 나는 다로의 힘에 못 이겨 끌려다니다 넘어졌다.

Story 6
안심할 수 있는 향기

정신을 차려 보니 나는 병원에 있었다.

머리를 땅바닥에 부딪쳤다는데 지나가는 사람이 구급차를 불러 준 모양이었다.

다행히 큰일은 일어나지 않았다.

다로와 지로도 무사하다고 했다. 엄마가 집에 돌아왔을 때, 다로와 지로는 현관 앞에서 기다리고 있었다고 한다.

"대체 얼마나 걱정했는지 아니?"

엄마는 불같이 화를 냈다. 병원 전체에 울려 퍼질 듯 큰 목소리로 나를 야단쳤다.

"이제 다로와 산책 안 할게. 미안." 나는 몇 번이나 사과했는지 모른다.

엄마가 "알아들었으면 이제 자"라고 말했을 때, 나는 더 이상 소리도 나오지 않을 정도로 울었다.

엄마의 뒷모습을 보니 여전히 굽이 높은 신발을 신고 스타킹의 올도 풀려 있었다.

다로와 지로만 집에 돌아온 것을 알고 엄마는 퇴근했던 복장 그대로 당장 나를 찾으러 온 동네를 뛰어 다닌 것이다.

마지막으로 엄마는 이렇게 말했다.

"다음번에 다로를 산책시킬 때는 엄마랑 함께 가자."

엄마가 나간 후, 좋은 향기가 났다.

엄한 말과는 달리 그건 부드럽고 애정이 담긴 향기였다.

나는 엄마의 냄새를 맡고 안심하여 다시 잠이 들었다.

나보다도 소중한 존재가
강인함을 줍니다.

스트레스에 지지 않는 개

개는 스트레스가 원인이 되어 병에 걸리는 경우가 많습니다.
그래서 "되도록 반려견에게 스트레스를 주지 않도록 하세요"
라고 지도하는 사람이 많습니다.

물론 질병이나 나쁜 버릇을 초래할 정도로 심하거나 장시간
스트레스를 주는 것은 피하는 편이 좋겠죠.

하지만 개에게 전혀 스트레스를 주지 않고 생활하기란
불가능합니다. 개뿐만 아니라 인간도 마찬가지입니다.
사회에서 참지 않고 모든 것을 자기 뜻대로 하면서
살아갈 수는 없습니다.

아이러니하게도 될 수 있는 한 스트레스를 주지 않고 키운
반려견은 아주 작은 스트레스에도 민감하게 반응하게
됩니다. 그 결과 마음이 쉬이 지치게 되죠.

그러므로 오히려 짧은 시간 안에 가벼운 정도로 스트레스를
주는 편이 좋습니다.

새끼강아지 시절부터 '야단친다', '기다리게 한다',
'못하게 한다' 등의 작은 스트레스를 가볍고 짧게 주어서
바로 해소하고 칭찬하며 키운 개는 성견이 된 후에도
스트레스에 강해집니다.

웬만한 일에는 꿈쩍도 하지 않고 여유 있게 살 수 있는
것입니다.

Story 7
스트레스에 지지 않는 개

또 마음의 스트레스만이 아니라 육체적 스트레스도
그러합니다.

평소에 평탄한 길을 산책했다. 무더운 여름이나 추운 겨울에는
밖에 나가지 않았다. 혹은 늘 주인에게 안겼다.

그런 환경에서 쭉 살아온 개는 조금만 걸으면 움직이지
못하게 되고 땅바닥을 걸으면 다리가 아프고, 에어컨이 없는
장소에 가면 바로 더위를 타거나 합니다.

물론 갑자기 가혹한 장소에 데리고 가는 등 억지로 시켜서는
안 됩니다.

하지만 스트레스를 잘 느끼지 않는 개로 키우려면 비탈길이나
산길 등 조금 스트레스를 느끼는 코스를 골라서
산책시키거나, 심한 운동을 하고 체력을 소모시키는 등
정기적으로 작은 스트레스를 주는 편이 좋습니다.

반려견이 숨을 몰아쉬는 모습을 보고 불쌍하다는 생각이
들지도 모릅니다. 하지만 그런 경험을 한 개야말로 진심으로
주인에게 사랑받는 것일지도 모릅니다.

미움받을 용기

세 살 뒤 미니어처 닥스훈트(♀)를 맡은
스물여덟 살 여성으로부터

나는 사무원으로 일했습니다.

어린 시절부터 쉬이 피곤을 느끼는 체질이라서 괜한 스트레스를 피하기 위해 직장에서는 되도록 눈에 띄지 않도록 주의를 기울였습니다.

조금이라도 눈에 띄면 질투의 대상이 되거나, 힘든 일을 떠맡게 되는 경우가 많았기 때문입니다.

직장은 사복 근무가 허용되었으나 나는 싸구려 의류업체에서 산 수수한 옷을 입었습니다. 화장은 최소한 불쾌함을 주지 않을 정도로만 하고, 손목시계 이외에 액세서리류는 착용하지 않았습니다. 특정한 사람과 사이좋게 지내거나 상사에게 아첨하지도 않았습니다.

그래도 옆자리에 앉은 동료의 부탁은 들어주었습니다.

용무가 있다고 해서 동료의 잔업을 대신하기도 했습니다. "업무에 관해 상담하고 싶은데요"라는 말을 들으면 설령 그것이 일에 대한 불만이라도 들어주었습니다. 모르는 업체의 화장품이나 세미나 표를 추천받으면 샀습니다. 술은 마시지 않았지만 누가 술자리에 부르면 참석했고 동료가 술을 얼마나 주문하든 정확히 제 몫을 지불했습니다.

　동료들은 내가 무엇이든 "좋아요"라고 말한다는 것을 알고 있습니다. 나도 기대대로 "좋아요"라고 말하는 데 익숙합니다. 다른 사람의 부탁을 거절할 때 오히려 스트레스를 느끼기 때문입니다.

　그때도 동료에게 "유급휴가를 받아서 애인과 해외에 가고 싶은데, 키우는 개 좀 맡아 줘"라고 부탁을 받았습니다. 나는 타인의 애완견을 맡은 경험이 없어서 잠시 주저했으나 "달리 부탁할 만한 사람에게 죄 부탁해 봤는데 안 됐어. 칼이 전에 스트레스로 심한 설사를 해서 애완동물 호텔에도 맡길 수가 없어. 부탁이야"라는 소리를 듣고는 마음이 움직였습니다.

　옛날 본가에서 반려견을 키운 적이 있었습니다. 지금은 혼자 살고 있어서 키울 엄두를 내지 못했지만 개는 좋아하는

편이었으므로 '휴가 기간 동안만이라면'이라는 조건으로 결국 받아들였습니다.

  그런데 그것은 상상 이상으로 힘든 고난이었습니다.

  미니어처 닥스훈트라길래 '미니어처'라고 불리는 만큼 토끼나 햄스터, 고양이 정도일 거라고 생각했는데 생각보다 손이 많이 가는 개였던 것입니다.

  손을 대기만 해도 코에 주름을 지으며 으르렁거렸고 창밖으로 사람이 지나가기만 해도 소형견이라고는 생각할 수 없을 정도로 큰소리로 짖어 댔습니다. 배변용 패드를 방안에 깔아 두었지만 칼은 일부러 배변용 패드가 없는 장소에서 배변을 보았습니다.

  쇼핑센터에서 사온 깨물면 소리가 나는 도넛 모양의 장난감도 주었지만 쳐다보지도 않았습니다.

  무엇을 해 줘도 마음을 열어 주지 않았습니다. 아무것도 먹지 않았고 마시지 않았고 자려고도 하지 않았습니다.

  밤이 되어 방구석에서 오로지 떨고 있는 칼을 보면서 나는 "이 아이에게 무슨 일이 있으면 어떻게 하지"라고 걱정이 되어 현기증이 났습니다.

나는 조금 긴장하면서 칼의 배를 만졌습니다.

부드럽고 따뜻한 배였습니다.

좋아. 들리지 않는 소리로 말하고 배를 다정하게 어루만져
주었습니다.

칼은 눈을 동그랗게 뜨고 나를 바라보았으나 얼마 안 있어
내 무릎에서 벗어나 방구석에 있던 개 사료를 먹었습니다.

"칼은 어땠어?"

여름휴가를 마치고 우리 집에 온 동료가 물었습니다.

"칼이 가여웠어."

나는 동료를 보며 용기를 내어 말했습니다.

"갑자기 모르는 장소에 던져져서 주인을 기다리고 있다니
반려견에게 엄청난 스트레스였을 테니까."

나는 쭉 누구에게나 미움을 사지 않으려고 행동하며 살아
왔습니다. 하지만 칼 덕분에 깨달았던 것입니다. 남에게 미
움을 받으면 어떻게 할까라는 불안을 원천적으로 없앨 수는
없다. 오히려 미움을 받을 각오로 마주해야만 상대에게 신뢰
를 얻을 수 있다는 것을.

"앞으로는 장기여행을 계획하기 전에 좀 더 칼을 생각해

Story 7
스트레스에 지지 않는 개

주면 좋을 것 같아."

하와이 여행선물을 주고 사랑하는 반려견을 데리고 어서 떠나려던 동료는 놀란 표정을 지었으나 "폐를 끼쳐서 미안해"라고만 말하고 돌아갔습니다.

이튿날, 회사에 가려니 조금 우울했습니다.

그런 말을 했으니 동료는 분명 기분이 상했을 것입니다. 그렇게 생각하고 사과하려고 했는데 동료가 먼저 "어제는 제대로 감사 인사를 하지 못해서 미안" 하고 말을 걸었습니다.

그러고 나서 여태까지 내게 이런저런 일을 맡긴 것에 대해서도 사과했습니다. 동료도 누구에게도 미움받고 싶지 않아서 주변에서 청하는 부탁을 거절하지 못했다고 합니다. 그 결과 자신과 똑같이 무엇이든 부탁을 들어주는 나에게 저도 모르게 응석을 부리게 되었다고 했습니다.

"나한테 부탁하고 싶은 게 있으면 말해."

그 말을 들은 나는 진지한 얼굴로 말했습니다.

"그러면 다시 칼과 만나게 해 줘. 겨우 사이좋아졌으니까."

그러자 동료는 웃으며 스마트폰으로 칼의 사진을 보여 주었습니다.

햇볕에 검게 그을린 동료의 팔에 안긴 칼은 내가 선물한 도 넛 모양의 장난감을 소중한 듯이 물고 있었습니다.

있는 그대로인 당신을
좋아합니다.

Story 7
스트레스에 지지 않는 개

Story 8

반려견을 책임진다는 것

개는 매일 안정된 생활을 바랍니다.

안정된 장소, 안정된 기후, 안정된 냄새,

그리고 안정된 시간을 말이죠.

반면 우리 인간은 때로 변화를 좋아하고

자극이 전혀 없는 생활은 지루하다고 생각합니다.

그뿐만 아니라 자극이 없으면 스트레스를 받기도 합니다.

하지만 개는 전혀 반대입니다.

될 수 있는 한 같은 시간대에 같은 장소에서 보내고 싶어

합니다.

그런 개와 우리의 공동생활이 시작되면 점점 모르는 사이에

우리도 규칙적인 생활을 하게 됩니다.

아침에 일어나는 시간, 밥을 주는 시간, 귀가하는 시간,

잠자는 시간. 모든 것이 키우는 반려견의 리듬에 맞춰지고

규칙적이 됩니다.

또 반려견에게는 산책이 필요하므로 '산책에 가야 해'라는

강한 책임감도 생겨납니다. 결과적으로 개와 함께 주인의

몸과 마음도 건강해지는 것입니다. 해외 연구에서 고독한

노인과 범죄를 되풀이하는 무법자의 심리에는 공통점이

있다는 발표가 있었습니다.

그것은 '나는 사회에 필요한 존재가 아니다'라는

생각이었습니다.

그런데 개는 다른 사람과 커뮤니케이션을 하지 못하게 된 사람에게도 자신의 생명을 맡기면서까지 교분을 나누려 합니다.

가족과 만나지 못하던 노인에게 사는 보람을 주고, 범죄만 저지르는 무법자에게도 똑같이 정을 나누기를 바랍니다.

그 결과 "이 개는 나를 필요로 한다"고 자각하게 됩니다.

즉, 반려견이 사람과의 관계를 맺는 좋은 연습 상대가 되는 것입니다.

실제로 반려견을 키움으로써 자살하는 노인이 줄고, 형무소에서 석방된 사람의 재범률도 줄었다는 보고도 있었습니다.

실제로 반려견을 키우는 가정과 키우지 않는 가정을 비교하면 감기와 배탈 같은 가벼운 질환으로 의사 선생님을 찾아가거나, 약을 사는 비율이 꽤 줄었다는 데이터도 있습니다.

만약에 모든 일본인이 반려견을 길렀다면 나라에서 건강보험에 내는 부담액이 4조 엔이나 줄었을 거라는 발표도 있습니다.

반려견의 생명을 지킨다는 사명감.

반려견과 생활하면서 만들어진 규칙적인 생활.

그 결과 바라든 바라지 않든 우리의 몸과 마음이 건강해지는

것입니다.

고독으로부터 1센티미터

여덟 살 된 아키타견(♠)을 돌본
서른두 살의 남성으로부터

나는 도쿄의 대학에 입학해서 도쿄의 회사에 취직했습니다.

하지만 일이 적성에 맞지 않아서 3년 만에 그만두고 고향에 돌아왔습니다.

그래도 고향에 돌아오면 일자리가 하나둘쯤은 있을 줄 알았는데 내 생각이 너무 안이했습니다. 현실적으로 나처럼 아무런 기술도 경험도 없는 인간이 오래 일할 수 있는 회사는 없었습니다.

그렇다고 일시적으로 아르바이트를 할 기력도 나지 않아서 나는 일을 찾는 척하면서 하루 종일 집에서 빈둥거리며 시간을 보냈습니다. 그러다 문득 정신을 차려 보니 순식간에 반년이 넘는 시간이 지나 있었습니다.

바깥을 돌아다니면 근처에 사는 사람들이 한심해하는 눈

으로 쳐다보았기 때문에 낮에는 집 안에서 한 발짝도 나가지 않고 밤중에 바깥을 어슬렁어슬렁 다니는 생활을 계속했습니다.

방 안에 틀어박혀 지내는 일종의 은둔형 외톨이 상태였습니다.

이렇게 될 때까지는 몰랐습니다. 사회란 내가 일방적으로 관계를 단절하는 것은 간단해도 한번 테두리에서 벗어나면 원래대로 돌아가는 길을 찾기가 어렵다는 것을요.

누군가에게 부탁하면 뽑아 줄 곳이 있을지도 모릅니다.

하지만 뽑아 준 곳이 나와 맞지 않을 가능성을 생각하는 것만으로도 겁이 나서 행동에 옮길 수가 없었습니다.

그런 식으로 우물쭈물하던 그때, 어머니가 병으로 입원하게 되었습니다. 그리고 집에는 나와 아키타견인 토포만이 남았습니다.

나는 마음이 불안해졌습니다.

엄마가 없어지자 토포가 갑자기 허공을 향해 심하게 으르렁대거나 개집 지붕을 물어뜯기 시작했던 것입니다. 그대로 놔두면 몸을 긁거나, 꼬리의 끄트머리를 털이 없어질 때까지 입으로 물고 늘어지곤 했습니다. 척 보기에도 스트레스를 받

Story 8
반려견을 책임진다는 것

마음속으로 중얼대면서 말이죠.

"진짜 재수가 없어서."

뒤에서 이런 소리가 들려왔습니다.

그때는 이제 두 번 다시 산책 따위 갈쏘냐 하고 생각했습니다.

그런데 토포는 이튿날에도 아침부터 산책을 요구했습니다.

처음에는 무시했지만 시끄럽게 으르렁거렸습니다. 목줄을 보여 줄 때까지 계속 그랬습니다.

반려견과 둘이서 생활하면 어떻게든 반려견을 보살필 수밖에 없습니다.

하고 싶을 때 하면 되는 것이 아니라 하고 싶지 않아도 하지 않으면 안 되는 일들이 생깁니다.

강제적인 산책. 아르바이트비도 나오지 않는 일이라고 투덜거리며 길을 나서자 하필 다시 같은 장소에서 3인조 여고생을 만났습니다.

"와, 또 왔다!"

나는 곤혹스러웠지만 동시에 규칙적인 생활이란 이런 것이구나 하고 감탄도 했습니다.

토포는 그 3인조가 마음에 드는 듯했습니다.

"여기저기 냄새 맡지 마!"

"좀, 교복에 털이 묻잖아!"

"진짜 더럽다."

입으로는 싫다고 했지만 막상 그렇게 싫지 않은 듯 목소리에서 토포에 대한 애정이 느껴졌습니다.

나도 미안, 미안, 하고 사과하면서도 토포와 여고생이 한가롭게 커뮤니케이션하는 모습을 흐뭇하게 지켜보았습니다.

매일 두 번씩 토포의 식사와 산책.

그 덕에 내 생활 리듬은 점점 안정되어 갔습니다.

어머니가 없는 집을 정기적으로 청소하거나 밥을 지어 먹게 되었습니다. 아침이 빨라져서 밤에도 빨리 잘 수 있게 되었습니다.

글로 쓰면 그저 그것뿐인 일이지만, 방 안에서 내내 느끼던 앞이 보이지 않는 불안 같은 것이 규칙적인 생활 덕에 어느새 머릿속에서 사라졌습니다.

그 후에도 여고생들을 우연히 만났습니다.

"깔끔해졌지?" 이번에는 내가 먼저 말을 걸었습니다.

토포를 깨끗하게 씻기고 빗질해 주고 개용 향수도 뿌렸으니까요.

Story 8
반려견을 책임진다는 것

여고생 중 한 명이 주뼛주뼛 손을 내밀자 토포는 그 손을 할짝할짝 핥았습니다. 소녀가 "어, 좀 귀엽네?" 하고 말하자 다른 두 명도 번갈아 가며 토포를 쓰다듬어 주었습니다.

토포는 여고생들이 쓰다듬어 줄 때마다 깨끗해진 몸을 비비며 기뻐했습니다.

처음에는 종종걸음으로 도망치듯이 걷던 산책이었으나 느긋하게 걷게 되자 지나치는 사람들이 토포를 눈여겨보고 귀여워해 주었습니다.

토포는 사람을 잘 따르는 개인 듯했습니다. 아이도 노인도 어떤 사람에게도 붙임성 있게 꼬리를 흔들었고, 몸을 비벼댔으므로 금방 근처에서 인기 있는 개가 되었습니다.

여고생들과는 그 후에도 몇 번인가 만났습니다.

때때로 육포를 주거나 사진을 찍었습니다.

하지만 얼마 안 있어 늘 똑같은 시간에 산책을 나가도 같은 장소에서 만나지 못하게 되었습니다. 통학로를 바꿨거나, 노는 친구들이 달라졌는지도 모릅니다.

결국 3인조 소녀들의 이름도 묻지 못하고 영영 못 보게 되었습니다.

조금 쓸쓸한 기분이 들었지만, 내 규칙적인 생활은 그 후에도 쭉 계속되었습니다.

몇 주 후 엄마도 무사히 퇴원했습니다.

물론 이 경험이 전부는 아닙니다.

하지만 그 후에 다시 도쿄로 돌아와서 지금 이렇게 책임 있는 일을 맡고, 아내와 두 아이와 행복하게 살 수 있는 것은 그때 토포와 둘이서 산책한 경험 덕이 아닐까 생각합니다.

지금도 이따금 일이 바쁘거나 인간관계로 지쳤을 때는 세상이 아득하게 느껴지곤 합니다.

그럴 때면 나와 사회를 억지로 연결시켜 준, 다시 세상을 사랑하게 만들어 준 그때의 토포를 떠올리면서 좀 더 열심히 하자고 불끈 힘을 내 봅니다.

자신을 받아 주는 존재가 단 한 사람만 있어도
우리는 살아갈 수 있습니다.

Story 8
반려견을 책임진다는 것

절 지켜 주실래요, 대장?

개는 무리를 짓는 동물입니다.

그리고 무리의 친구는 기본적으로 우리 인간 가족입니다.

무리는 리더를 필두로 일렬 수직적 구조로 구성되는데

그 순위가 확정될 때까지 개는 내내 "리더는 누구?",

"누굴 따르면 될까?", "생존 기술은 누구에게 배우면 될까?"를

고심합니다.

인간의 경우 가정이라는 가장 작은 무리 안에서도,

회사에서도, 학교에서도, 한 명 한 명의 가치관이 다릅니다.

희로애락의 감정이 각기 다르고, 행동의 결정권도

자신에게 있습니다.

그런데 개의 경우는 무리의 가치관에 '동화'되기 때문에

희로애락의 감정도 동화됩니다.

게다가 행동의 결정권도 리더가 갖습니다.

이렇게 자신의 일생이 달린 일이기 때문에 개는 리더를

아주 신중하게 선택합니다.

강아지 시절부터 다양한 방법으로 리더의 능력을 검증하는

시도를 하기 시작하는데,

때로는 세 살쯤까지 시도하는 경우도 있습니다.

Story 9
절 지켜 주실래요, 대장?

예를 들어 산책 중에 주인이 가는 방향과 반대로 끌고 가거나,

늘 먹는 사료를 갑자기 싫어하는 척하는 행동이 그러합니다.

주인의 손을 물기도 합니다.

그때 주인의 반응이나 행동을 보고 개는 "이 사람을 따라가도

괜찮을까?"를 판단합니다.

그러면 어떻게 하면 반려견에게

대장으로 인정받을 수 있을까요?

반려견이 리더를 고르는 포인트는 주로 두 가지입니다.

하나는 "자신을 외적으로부터 지켜 줄 힘이 있느냐

없느냐?"입니다.

리더의 힘이 약하면 무리가 붕괴되기 때문이지만,

개의 세계에서 '지켜 주는 힘'이란 완력이 아니라 정신력을

가리킵니다. 즉 '반드시 지킨다'는 강한 의지를 지녔느냐

아니냐가 중요한 것입니다.

또 하나는 '자신을 중요하게 생각해 주느냐 아니냐?'입니다.

맛있는 먹이를 주거나, 몸을 다정하게 어루만져 주거나,

웃으며 이름을 불러 주는 것도 애정인지도 모릅니다. 하지만

개는 그것만으로는 만족스럽게 사랑받는다고 인식하지

못합니다.

반려견에게는 '자신의 장래를 위해 마음을 다해 따끔하게
야단친다'라는 애정도 필요합니다.

즉, 표면만이 아니라 마음의 밑바닥에서 애정을 전할 수 있는
인간만이 개의 리더가 될 수 있는 것입니다.

네 마음을 보여 줘

여섯 살 된 시바견(♀)과 우정을 니눴던
마흔다섯 살 남성으로부터

중학교 2학년 때, 통학로 중간에 위치한 동급생 집에 있던 반려견 '구치'의 이야기입니다.

구치는 아침부터 저녁까지 쉴 새 없이 짖어 이웃에 민폐를 끼치는 개였습니다. 가족 이외의 사람이라면 누구에게나 큰 소리로 짖었으므로 택배 아저씨를 비롯하여 집 앞을 지나가는 사람들이라면 전부 위협했습니다. 너무나도 심하게 짖는 터라 "이상한 병에 걸린 게 아닐까?" 하고 나쁜 소문이 돌 정도였습니다.

어느 날, 학교에서 돌아오는 길에 보니 친구네 집 문이 조금 열려 있었습니다. '맹견 주의'라는 스티커가 붙여져 있고 늘 틈새에서 구치가 날카로운 이빨을 드러내던 문.

집에는 아무도 없는 듯했습니다.

문득 마음에 걸려 구치에게 다가가 보니 역시나 심하게 짖었습니다. 무심코 손을 내밀었는데 당장이라도 물 것 같은 기세였습니다. "쉬" 하고 달래도 전혀 멈추지 않았습니다. 그런데 얼마 동안 짖게 내버려 두었더니 점점 소리가 잦아들었습니다. 조금 더 다가서자 이번에는 으르렁거릴 뿐이었습니다. 그리고 손이 닿을 거리까지 다가서자 갑자기 조용해졌습니다. 좀 더 용기를 내어 등을 어루만져 주자 구치는 완전히 얌전해졌습니다.

눈을 보니 응석을 부리는 듯한 눈치였습니다. 그 순간에 나는 확신했습니다. 구치는 화가 나서 짖은 게 아니라 내내 쓸쓸해서 놀아 달라고 짖었다는 걸.

그 사실을 깨달은 것은 나뿐일지도 모릅니다. 그렇게 생각하자 감정이 북받쳐서 1시간가량 내내 구치를 어루만지며 놀아 주었습니다.

생각했던 대로 그날 이후로 구치는 나에게는 짖지 않게 되었습니다.

학교에서 돌아오는 길에 들르면 마치 하루 종일 기다린 것 같은 얼굴로 꼬리를 흔들며 맞이해 주었습니다.

Story 9
절 지켜 주실래요, 대장?

동급생 어머니는 "우리 가족도 그렇게 따른 적이 없단다. 신기하네"라고 칭찬해 주었습니다.

나는 점점 자랑스러운 기분이 되어, 매일 빠짐없이 구치와 놀아 주고 나서 집에 가게 되었습니다.

구치와 사이좋게 지낸 지 한 달쯤 지난 무렵이었을까요?

평소와 다름없이 학교에서 돌아오는 길에 구치와 놀아 주려는데 그날따라 구치가 평소보다 더 심하게 어리광을 부리며 온몸으로 기쁨을 표현했습니다.

"무슨 일 있어? 그래그래." 나도 기분이 좋아져서 평소보다 더 슥슥 쓰다듬자 갑자기 손에 따끔한 통증이 느껴졌습니다.

아야! 구치가 내 손을 깨문 것입니다. 친구 어머니가 집안에서 황급히 뛰어나왔습니다. 무엇이 구치의 비위를 건드린 걸까? 나는 피투성이가 된 손을 누르면서 망연히 서 있었습니다. 여태 나에게는 화를 내지 않았는데. 접근하는 방법이 서툴렀나? 혹시 내내 기분이 나빴던걸까? 친구 어머니가 서둘러 상처를 치료해 주었습니다. 병원에서도 치료를 받아 상처는 금세 아물었지만 구치에게 물린 충격은 한동안 가시지 않았습니다.

그 일이 있은 후로 왠지 모르게 친구네 집에는 들르지 않게 되었습니다. 학년도 마침 3학년이 되면서 고등학교 입시가 얼마 남지 않아서 친구네 집 앞을 지나가도 들르지 않고 바로 집으로 오는 날이 늘었습니다.

집 앞을 지나면 구치가 변함없이 나에게만은 짖지 않고 문 안에서 쓸쓸한 눈빛으로 이쪽을 바라보았지만 나는 점점 눈을 맞추는 것조차 힘에 겨워서 머지않아 다른 길로 돌아가게 되었습니다.

나와 구치와의 교류는 그 시점에서 끝이 났습니다.

그 후로 벌써 몇십 년이 지났습니다.

그런데 최근에 반려견을 잘 아는 사람에게 이런 말을 들었습니다.

"개는 가장 신뢰하는 사람이 정말로 자신을 지켜 주는 사람인지 아닌지를 확인할 때가 있어요."

그 이야기를 들은 순간, 잊고 있던 구치와의 추억이 단숨에 되살아났습니다.

그와 동시에 구치가 나를 문 것은 위협하려는 것도 싫어서도 아니었고, 그저 나를 진심으로 신뢰하고 싶었던 것이었음을 깨달았습니다.

Story 9
절 지켜 주실래요, 대장?

왜 알아주지 못했을까요. 지금은 미안한 마음뿐입니다.

이따금 구치의 얼굴을 생각합니다.

나에게만 응석 부리던 점잖고 다정한 얼굴이.

'개는 죽으면 무지개다리를 건너서 천국에 간다'고 하는데 구치도 무지개다리 저편에서 영원히 그런 표정을 지으며 살았으면 좋겠습니다.

신뢰하고 싶어서 상처 줄 때도 있습니다.

Story 10

어느새 다가온 반려견의 노화

개의 성장은 사람보다 빠릅니다.

생후 1년 사이에 인간으로 치면 열두 살쯤이 됩니다.

그 후에는 1년에 네 살부터 여섯 살쯤 나이를 먹는다고

합니다.

그래서 개 나이로 열 살은 인간의 육십에서 일흔 살에

해당합니다.

인간이라면 정년을 맞이하는 나이입니다.

성장이 생각했던 것보다 빠르다는 것은

노화도 생각했던 것보다 빠르다는 뜻입니다.

인간이 10년 동안 보내는 과정을

개는 고작 2년 사이에 보내게 되는 것이죠.

낮 동안 느릿느릿 굼뜨게 행동하는 반려견을 보고

요새 좀 기운이 없나 생각하는 사이에도

노화는 엄청난 속도로 진행됩니다.

여태까지는 가볍게 뛰어넘던 도랑 앞에서 멈추게 됩니다.

계단을 싫어하게 됩니다.

공을 쫓아다니지 않게 됩니다.

멍멍 짖지 않게 됩니다.

식욕이 떨어집니다.

이름을 불러도 바로 오지 않게 됩니다.

어떻게 하면 반려견의 노화를 빨리 깨달을 수 있을까요?

가장 알아차리기 쉬운 노화는 눈과 귀에서 일어납니다.

눈의 경우, 눈의 표면에 허얀 막이 생기는 '백내장'이라는

질환이 일반적입니다. 점점 하얀 부분이 늘어나다

최종적으로는 실명하게 됩니다.

또 귀가 잘 들리지 않는 개도 있습니다.

노견이 불러도 바로 오지 않거나, 지시를 내려도 가만히

있는다면 알면서도 하지 않으려고 고집을 부리는 것이

아니라 단순히 노화로 귀가 멀었을 가능성이 있습니다.

모든 개는 언젠가 눈과 귀가 노화하게 됩니다.

그런데 신기하게도 눈과 귀가 동시에 쇠약해지는 케이스는

아주 드뭅니다.

개체에 차이가 있어서 눈이 나빠지는 반려견과

귀가 나빠지는 반려견이 있습니다.

그리고 눈이 나빠진 개는 귀가 대개 좋고, 귀가 나빠진 개는

대부분 눈이 좋습니다.

따라서 반려견에게 뭔가를 가르칠 때, 말로 전하지만 말고

보디랭귀지도 함께 가르쳐 주기를 바랍니다.

그렇게 하면 외출할 때 그 자리에서 벗어나도 더 쉽게

반려견의 안전을 확보할 수 있습니다.
또 그것이 자신의 노화를 자각하지 못하는 반려견에게
마음의 지주가 되어 줄 것입니다.

행복한 순간

일곱 살 된 치와와(우)를 기르는
스물일곱 살 여성으로부터

나는 틈만 나면 평소 내가 부러워하던 장소에 가서 '#화제의 팬케이크, #맛도 모양도 일품!', '#해변에서 최고의 친구들과 한 손에 맥주를 들고 건배!', '#인생 최고의 세미나! #뒤풀이에도 참가합니다!', '#이런 경치를 볼 때까지 죽지 않아서 진심으로 다행' 등등의 댓글을 달며 행복한 순간만을 골라 SNS에 올리는 데 열중했습니다.

물론 "한 번뿐인 인생이니 할 수 있는 한 충실하게 살고 싶다"는 기분도 있었습니다. 하지만 사실 충실하고 싶었다기보다 '충실한 나'를 남들에게 보여 주는 것이 중요했습니다. 일종의 관심병이 된 것입니다.

실제로 아무리 즐거운 일을 하고 맛있는 것을 먹고 아름다운 것을 봐도 내 글이나 사진을 보고 '좋아요'를 누르거나 '댓글'을 단 사람들이 많아야 텅 빈 마음이 채워졌습니다.

그중에서도 가장 만족도가 높았던 것은 애견 사진이나 동영상을 올릴 때였습니다.

밤늦게 내가 퇴근하고 맨션에 돌아오면 치와와 '릴로'는 늘 현관 앞까지 내 양말을 물고 와서 맞이해 주었습니다. 종일 책상에 앉아 일을 한 탓에 발이 찼는데 그런 날에 이따금 릴로가 털양말을 물어서 가져다 준 것을 칭찬했더니 매일 밤, 짧은 꼬리를 살랑살랑 흔들면서 내 양말을 물고 기다리게 되었습니다.

그런 릴로의 모습을 지체 없이 촬영하여 SNS에 올리면 바로 "아유 똑똑해라!", "안고 싶어!", "너무 귀여워!"라는 댓글이 달렸는데 나는 그때마다 쾌감을 느꼈습니다.

그런데 어느 날 침대에서 뒹굴거리다 오늘은 댓글이 몇 개 달렸을까? 하고 스마트폰을 확인하는데 릴로의 사진에 달린 댓글 중에 마음에 걸리는 내용을 발견하게 되었습니다.

"혹시 제가 잘못 본 거라면 미안해요. 릴로의 눈이 하얗게 흐려지지 않았어요?"

어? 등줄기가 서늘해졌습니다.

당황해서 릴로의 얼굴을 자세히 보니 확실히 검은 눈동자

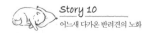

Story 10
어느새 다가온 반려견의 노화

의 표면에 엷은 막이 덮여 있었습니다. 신경이 쓰여서 인터넷에서 같은 증상을 조사해 보았더니 '백내장일 가능성이 있다'는 기사를 발견했습니다.

나는 동요했으나 '설마 그럴 리가 없어'라고 생각을 고쳐먹었습니다. 왜냐하면 그날도 릴로는 틀림없이 양말을 물고 와 주었고, 좋아하는 생식 타입의 개사료도 전부 먹어 치웠고, 내 뒤를 졸졸 따라다녔으며 지금도 이렇게 무릎 위에 앉아서 응석을 부리고 있으니까요.

하지만 다음날, 동물병원에 데리고 갔더니 제 바람과는 달리 수의사 선생님은 이렇게 말했습니다.

"아마 눈이 보이지 않은 지 1년쯤 지났을 겁니다."

믿을 수 없었습니다.

왜? 릴로는 집에서 여느 때와 다르지 않게 지냈는데. 매일 양말도 물어다 주었는데. 혼란스러운 마음에 당장이라도 울 것 같은 나를 보고 수의사 선생님은 다정하게 알려 주었습니다.

"개는 후각이 발달했습니다. 익숙한 집안에서라면 후각을 이용해서 평소처럼 지낼 수 있었을 거예요."

확실히 진찰실에 있는 릴로는 발을 후들후들 떨고 있었습니다. 집에서는 절대 보인 적이 없는 모습이었습니다.

"날마다 산책하고 놀아 주었나요?"

수의사 선생님의 질문에 나는 대답하지 못했습니다. 하루 종일 집을 비울 때가 많았고, 집에 있어도 스마트폰만 보며 릴로는 방치해 둔 때가 많았으니까요.

"이 아이는 분명히 주인과 놀고 싶어서, 주인이 놀아 주었 으면 해서 보이지 않는 눈으로 최선을 다했을 거예요. 앞이 보이지 않아도 주인을 걱정시키고 싶지 않아서 애쓰며 평소 와 다름없이 씩씩하게 행동하려고 했을 겁니다."

수의사 선생님의 말을 듣고 나는 너무나 미안한 기분이 들 었습니다.

"릴로는 나를 원망할까요?"

"그럴 리가요." 수의사 선생님은 고개를 가로저었습니다.

"개는 주인을 원망하거나 하지 않아요. 그런 일은 불가능 해요. 매일 양말을 물어다 줬다고 말씀하셨죠. 칭찬해 주셨 습니까?"

"……네."

"이 아이는 분명히 그것만으로도 행복했을 거예요. 주인이 행복한 것 같은 분위기만 느낄 수 있으면 그걸로 충분히 행

복할 겁니다."

수의사 선생님의 말을 듣는데 눈물이 흘렀습니다.

나는 왜 지금까지 릴로에게 문제가 생긴 것을 깨닫지 못했을까?

쭉 릴로를 지켜보았다고 생각했는데 실제로는 하루에 몇 번 정도 그것도 수 초밖에 보지 않았던 것입니다.

릴로가 백내장에 걸린 걸 알고 나는 SNS와 거리를 두게 되었습니다. 남들 눈을 의식해서 하던 맛집 탐방도, 여행도, 스터디도 일절 그만두었습니다.

그 대신 내 방을 깨끗이 청소하고 가구 모서리에 쿠션을 대고, 릴로가 걷기 편하게 머리를 짜냈습니다. 그리고 일이 없는 날은 되도록 빨리 집에 돌아와서 릴로와 함께하는 시간을 만들려고 노력했습니다.

지금도 현관문을 조용히 열면 양말을 문 릴로가 종종걸음으로 내 발밑으로 달려옵니다.

릴로의 조그만 몸을 안아 올리면 스마트폰을 쥐었을 때 절대 느끼지 못했던 체온을 충분히 느낄 수 있습니다.

그리고 입에 침이 마르게 칭찬해 줍니다.

"어머 똑똑해라!" "꼭 안아 주고 싶어!" "아유 귀여워!"

그러면 릴로는 꼬리를 흔들면서 보이지 않는 눈으로 가만히 나를 바라봅니다.

더 사랑하는 것은
더 오래 관찰하는 것입니다.

이유 없는 이유

행동에 나서게 되는 동기는 무엇일까요?

인간과 개를 비교하면 큰 차이가 있습니다.

인간에게는 이성이 있으므로 행동이 대개 이성에 좌우됩니다.

간단히 말하면 행동하기 위해서는 이유가 필요합니다.

좋아하는 사람을 좋아한다고 생각하는 것조차 그러합니다.

왜 좋아하는가? 왜 근사하다고 생각하는가? 등의 이유를

생각해 보지 않고는 좀처럼 좋아한다고 인정하지 못합니다.

물론 좋아하게 되는 데 이유는 존재하지 않습니다.

"좋아하는 사람과 함께 있다"는 단순한 행동 하나조차

왜 그래야 하는지 명확하게 설명하지 못할 것입니다.

하지만 말로 설명이 안 되는 일이라도 자신이 하려는

일에 대해 어떻게든 이유를 찾는 것이 인간의 습성입니다.

반면 개는 자신의 감정에 충실합니다.

그 행동도 직선적입니다.

개는 이 사람과 함께 있고 싶다고 생각하면

어떻게든 함께 있으려고 합니다.

그뿐만이 아닙니다.

자신의 행동에 대해서도 "왜 그렇게 하는 걸까?"

"왜 그렇게 하고 싶은 걸까?" 그런 건 잘 모를 겁니다.

Story 11
이유 없는 이유

만약에 반려견이 인간의 말을 할 수 있다면
"그렇게 하고 싶으니까요"라고 대답하겠죠.

우리는 솟구치는 감정에 정당한 이유를 대려고 합니다.
좋은 이유를 생각해 내지 못하면 대개 무시하려고 합니다.
또 이유를 생각해 냈다 하더라도 주변의 동의를 얻지 못할 만한
이유라면 그것을 표현하는 데 주저하게 됩니다.
물론 이는 높은 지적 능력의 증거라고도 할 수 있습니다.
하지만 반려견을 키우는 가정에서는 조금 양상이 다릅니다.
때때로 이 반려견의 '직진'하는 태도에 영향을 받아서
주인인 인간도 '이유 없는 행동'을 하기도 합니다.
그리고 이유가 없는 감정에 맡긴 행동이 부부, 부모 자식,
연인 관계를 크게 호전시키는 경우도 있습니다.

반려견의 한 사람만을 바라보는 그 정직한 눈동자를 봐 주세요.
"왜 함께 있고 싶어?"

"그냥 함께 있고 싶으니까."

우리만의 보물찾기

열네 살 된 퍼그(우)를 기르던
서른다섯 살 여성으로부터

제 유년시절을 함께했던 퍼그 '린'은 표정이 아주 풍부한
개였습니다.

가족에게 혼이 나서 울먹이는 표정을 짓거나 밥시간이 다
가오면 눈을 반짝 빛내기도 했습니다.

집을 비운 가족이 돌아오면 환하게 웃으면서 돌진해 오고,
가족에게 집을 지켜 달라는 부탁을 받을 때는 불만 섞인 표
정으로 코를 킁킁거렸습니다.

나는 그런 린이 좋아서 늘 함께 소파 위에 찰싹 붙어 앉아
서 린의 얼굴을 사랑스럽게 쳐다보면서 몸을 쓰다듬었습니
다. 린의 포동포동한 촉감이 참 마음에 들었습니다.

이렇듯 린은 감정을 잘 드러내는 반면 나는 감정을 잘 드러

내지 못해서 반 친구들은 내가 "차갑다", "무슨 생각을 하는지 잘 모르겠다"라며 멀리했습니다.

하지만 사실은 감정의 기복이 없는 게 아니라 오히려 상처받기 쉽고, 불쾌한 감정을 잘 털어내지 못하는 성격이었습니다. 그저 내가 느끼는 감정을 타인에게 잘 표현하지 못했던 것뿐입니다.

당시 아빠는 집에 거의 들어오지 않았는데 그런 상황을 보며 느낀 어두운 기분도 늘 집에 있는 엄마에게 잘 전달하지 못했습니다.

과연 내 자신이 슬픈지, 화가 나는지, 이래도 그만 저래도 그만이라고 생각하는지 그마저도 잘 알지 못했습니다.

아빠는 이따금 집에 올 때마다 "학교는 어때?"라거나 "잘하고 있겠지?"라고 물었는데, 나는 그저 웃기만 하고 "재미있어요", "잘하고 있어요"라고만 대답했습니다.

그런 내가 취주악부(吹奏樂部, 목관 악기, 금관 악기 따위의 관악기를 주체로 하고 타악기를 곁들인 합주 음악을 하는 동아리-역주)에 들어간 이유는 간단합니다. 악기 연주라면 운동처럼 서로 소리를 지르거나 다른 사람과 커뮤니케이션하지 않아도 될 것 같았기 때문입니다.

하지만 실제로는 상상했던 것과 달랐습니다.

연주 중에는 각자 말없이 자신의 악기에 집중했지만 악기를 통해 끊임없이 서로의 생각과 기분을 전했던 것입니다. 서로 무언의 대화를 주고받으면서 하나의 곡을 만들어 간다는 것을 알고 나서 나는 취주악의 세계에 푹 빠졌습니다.

내 담당은 타악기였으나 아무리 쳐도 만족스럽지가 않았습니다. 동아리 활동이 끝난 후, 부원들과 잡담을 나누는 시간도 나에게는 내 생각을 솔직히 말할 수 있는 귀중한 시간이었습니다.

동아리 활동을 하느라 밤 9시가 넘어서 집에 돌아온 적도 있습니다.

그만큼 린과 함께하는 시간이 줄었지만 나는 그 문제에 대해 특별히 마음 쓰지 않았습니다.

그런데 린은 동아리 활동을 마치고 늦게 돌아오는 날에는 '스틱이 들어 있는 케이스를 들고 나간다'는 사실을 알아차렸는지, 매일 아침 스틱케이스를 화분 뒤, 타월담요 아래, 선반과 선반 사이 등 집안 어딘가에 숨기기 시작했습니다.

Story 11
이유 없는 이유

린은 스틱케이스만 없으면 내가 빨리 돌아오리라고 믿었던 것입니다.

덕분에 매일 아침 린과의 머리싸움에서 이기지 않으면 학교에 가지 못하게 되었습니다.

나는 "이제 그만해"라고 몇 번이나 화를 냈지만 린은 짓궂은 장난을 전혀 그만두려고 하지 않았습니다. 하지만 그것은 나도 '보물찾기'를 꽤 즐거워하고 있다는 사실을 린이 눈치챘기 때문이겠죠.

하지만 취주악대회가 겨우 1주일 앞으로 다가온 아침에는 태평하던 나도 스틱케이스가 보이지 않자 짜증을 낼 수밖에 없었습니다.

"어디야? 린! 오늘은 어디에 뒀어!"

아무리 물어도 린은 반응하지 않았습니다. 일체 아랑곳하지 않고 소파 위에서 조용히 잠을 잤습니다.

이미 고령이었던 린은 체력이 없었는지 한번 자기 시작하면 좀처럼 일어나지 않았습니다.

그날 오후의 일이었습니다.

수업이 끝나갈 무렵, 엄마에게 '린이 위독해'라는 메시지가

왔습니다.

너무나도 갑작스러운 일이라 나는 반은 제정신이 아닌 상태로 학교를 뛰쳐나왔습니다.

집에 돌아오니 아빠도 있었습니다.

부모님의 표정을 보고 이미 린이 숨을 거두었다는 것을 알았습니다.

주변에 널려 있는 보냉제와 린이 애용하던 담요.

소파 위에 눈을 감고 누워 있는 린 옆으로 소파 사이에 쑤셔 넣은 뭔가가 삐죽 나와 있었습니다.

꺼내 보니 스틱케이스였습니다.

"오늘은 어지간히 안 나갔으면 했나 보다."

엄마가 그렇게 말하자마자 마음속에 쌓인 감정이 한꺼번에 터져 나왔습니다.

"보물찾기가 어려웠어. 전혀 모르겠더라. 린이 이겼어. 내가 지고. 너무 어려워. 이걸 어떻게 찾니? 린, 너무해. 내게 더 빨리 말해 주지." 그렇게 말하면서 속으로는 '나도 아빠의 가방을 숨기고 싶었는데.'라고 생각했습니다.

"집에 자주 오지 못해서 미안." 그렇게 말한 것은 아빠였습

Story 11
이유 없는 이유

니다. 제 속마음을 알아차린 걸까요?

놀랍게도 아빠의 눈도 새빨개진 상태였습니다. 처음 본 아빠의 눈물이었습니다.

나는 린의 몸에 얼굴을 묻었습니다.

린의 냄새. 탄력 있는 털. 그토록 표정이 풍부했던 린의 얼굴은 이미 딱딱하게 굳기 시작한 상태였습니다. 하지만 아직은 약간 온기가 남은 것 같아 나는 눈물을 흘리면서도 마음속 어딘가에서 안도했습니다.

부모님과 같은 생각으로 연결되어 있다는 느낌을 태어나서 처음으로 받았기 때문입니다.

그 후 부모님 사이에 어떤 대화가 오갔는지는 알지 못합니다. 하지만 아빠는 차츰 집에 더 자주 돌아오게 되었고 엄마와 대화하는 시간도 늘었습니다. 어느새인가 아빠도 집에 있게 되었습니다.

그로부터 20년쯤 지나 나는 결혼해서 집을 나왔지만 지금도 부모님은 사이좋게 살고 있습니다.

이 세상에서 사는 기쁨 가운데 하나는
누군가를 믿고 기다리는 것입니다.

Story 11
이유 없는 이유

우리가 친구라는 증거

주인 옆에 바싹 붙어 앉아서 꾸벅꾸벅 조는 개.

너무나도 행복해 보이는 광경이지만 반려견에게는 이보다

더 행복한 순간이 있습니다.

그것은 바로 놀이든 일이든 좋으니까 어쨌든 사랑하는 주인과

함께 행동하는 것입니다.

반려견에게 자신의 가족(무리)으로 인정받으려면

반려견과 같은 행동을 해야 합니다.

달릴 때는 함께 달리고 잘 때는 함께 잡니다.

그리고 기뻐할 때도 슬퍼할 때도 화가 날 때도

서로 감정을 공유합니다.

개들 사이의 행동을 보면 잘 알 수 있습니다.

'사이가 좋아지고 싶다'고 생각한 개는

별안간 있는 힘껏 달리려고 합니다.

함께 달리는 것이 친구라는 증거이기 때문입니다.

따라서 반려견과 사이가 좋아지고 싶으면 훈육을 하거나,

칭찬을 하기 전에, 먼저 반려견과 함께 달려야 합니다.

그래서 사이가 좋아지는 기본은 역시 '산책'입니다.

반려견에게 산책이란 단순히 운동이 아닙니다.

개는 산책 중에 주변에 냄새만 달라져도 무슨 일이

일어났는지를 알 수 있습니다. 누군가가 이사를 오면

Story 12
우리가 친구라는 증거

그것도 냄새로 감지합니다. 한동안 만나지 않은 개의 근황도
냄새로 파악합니다.

마치 우리가 텔레비전에서 뉴스를 보는 것처럼 말입니다.

또 산책은 반려견에게는 정보를 수집할 수 있을 뿐만 아니라
외부 공기와 닿고 계절을 느낄 수 있는
최고의 시간이기도 합니다.

그렇게 좋아하는 시간을 '누구와 보낼 수 있을까?'가
반려견에게는 무척이나 중요한 일입니다.

좋아하는 시간을 좋아하는 주인과 함께 보낼 수 있다면
반려견에게 그보다 더 행복한 일도 없을 겁니다.

| 레온 |

후회의 의미

일곱 살 된 시바견(♂)을 기르던
열일곱 살 소년으로부터

우리 가족은 도심의 맨션에서 교외에 지은 주택으로 이사하게 되었습니다.

노선을 따라 지어진 조그만 집이었지만 동경하던 단독주택 생활의 시작에 가족 모두 가슴이 설렜습니다.

이사하자마자 나는 '반려견을 기르고 싶다'고 생각했습니다.

새로운 집 근처에는 반려견을 기르는 집이 많았고 덩치가 크고 근사한 반려견을 멋지게 산책시키는 사람을 자주 볼 수 있었기 때문입니다. 맨션에서 자라서 금붕어밖에 기른 적이 없던 나에게 개라는 동물은 보는 것도 만지는 것도 신선한 존재였습니다.

내가 '반려견을 기르고 싶다'는 말을 꺼내자 아니나 다를까 부모님은 반대했습니다. 그러나 "아침에 일찍 일어날 테

니까", "꼭 매일 산책시킬 테니까", "숙제도 빠짐없이 할 테니까"라고 매일 애원했더니 부모님도 결국 나의 집요함에 두 손 들었습니다. 어쩌면 부모님도 원래 반려견을 기르고 싶었는지도 모릅니다. 어느 날 학교에서 돌아오자 집에 갈색 강아지가 있었습니다.

나는 "강아지다!"라고 소리를 지르고 날아오를 것 같은 기분으로 꽉 끌어안았습니다. 부모님에게 몇 번이나 감사 인사를 했죠.

그 개는 아빠가 지인에게 분양받은 시바견으로 아빠가 좋아하던 야구 선수의 이름을 따서 '레온'이라고 부르기로 했습니다.

레온은 개와 여우를 섞은 듯한 얼굴을 가진 그야말로 천사 같은 존재였습니다.

나는 하루 종일 레온의 얼굴을 어루만지고 안아 주고, '손' '앉아' 등을 가르쳐 주었습니다. 영원히 떨어지고 싶지 않았습니다. 세상에서 가장 사랑스러운 존재라고 생각했습니다.

레온은 매일 나와 잘 놀았고 산책과 달리기도 좋아했습니다. 그중에서도 가장 흥분한 것은 목줄 잡아당기기 놀이였습니다. 레온은 자세를 낮추고, 으르릉 울음소리를 내면서 고개를 붕붕 흔들곤 했습니다.

레온은 목줄을 잡아당기는 놀이를 좋아해서 매일 목줄을 내 손에 거의 강제적으로 떠맡겼습니다. '잡아당겨'라는 신호입니다. 나도 재미있어서 녹초가 될 때까지 함께 잡아당기기 놀이를 했습니다.

하지만 나는 못된 아이였습니다. 얼마 안 있어 레온과 노는 것에 싫증이 나고 말았습니다.

반려견을 기르기 시작하고 한 달도 채 되지 않아서 산책 나가는 것이 귀찮아지고, 그럴 시간이 있으면 방에서 게임을 하거나, 친구네 집에 놀러 가고 싶다고 생각하게 되었습니다. 레온을 어루만지면 손에 냄새가 배는 것도 싫었습니다.

그런 내 모습을 보고 어머니는 "왜 레온을 제대로 보살피지 않니?", "잘 보살피겠다고 약속했잖아"라고 야단쳤지만 나는 매번 건성으로 대답할 뿐이었습니다.

내가 게으름을 부려서 하는 수 없이 엄마가 레온과 잡아당기기 놀이를 해 주었을 때의 일이었습니다.

레온의 입에서 고오, 고오 하는 잡음이 들렸습니다.

엄마는 걱정이 되어 동물병원에 예방접종을 받으러 가는 김에 검사를 받았습니다. 레온에게는 선천성 심장질환이 있었습니다.

수의사 선생님은 "이 아이는 타고나길 심장판막이 잘 기능하지 않아서 피의 일부가 역류하니까 금세 지치는 거예요"라고 말해 주었다고 합니다.

엄마는 어두운 표정을 지었지만 나는 오히려 "그러면 산책을 열심히 나가지 않아도 되겠구나"라고 조금 안도했습니다. 심한 말이지만 그랬습니다.

실제로 그날 이래로 나는 "레온이 피곤할 테니까"라고 변명하며 아침저녁으로 하던 산책을 때때로 빠지게 되었고, 레온을 보살피는 것도 거의 엄마에게 떠넘기게 되었습니다.

그래도 레온은 매일 내가 집에 돌아올 때마다 개집에서 나와 꼬리를 흔들어 주었습니다.

내가 고등학교에 들어가고 나서 이런 사건이 있었습니다.

마음에 담고 있던 같은 반 여자애가 우리 집에 놀러왔는데 마당에서 레온이 "구에에 구에에"라는 기묘한 소리를 냈습니다.

겁먹은 표정을 지은 그 애의 맞은편으로 마구 오물을 토해 내는 레온의 모습이 보였습니다. 뭐라 말할 수 없는 색깔의 액체가 개집 주변에 널려 있었습니다.

나는 어떻게 하면 좋을지 몰라서 "야, 레온! 뭐 하는 거야!"라고 크게 소리를 질렀습니다. 부끄럽게도 엄마가 치워 줄 때까지 아무것도 하지 못하고 그저 그 애 앞에서 폼만 잡으려고 했죠.

지금 돌이켜 생각해 봐도 내 사랑이 결실을 맺지 못한 것은 레온 탓이 아닙니다.

하지만 당시 나는 그것을 전부 레온 탓이라고 단정하고 점점 차갑게 대하게 되었습니다.

레온이 몸을 부비면 교복에 개털이 묻을까봐 냅다 뿌리쳤습니다. 마당에서 울음을 그치지 않을 때는 창문을 열고 "시끄러!"라고 소리 질렀습니다. 그래도 울음을 그치지 않으면 물을 끼얹거나 나가서 엉덩이를 차기도 했습니다. 개집 지붕을 요란하게 때리며 겁을 준 적도 있습니다.

그때마다 레온은 개집으로 돌아가 안에서 쓸쓸한 눈초리로 나를 쳐다보았던 것이 생생하게 기억이 납니다.

그중에서도 지금도 후회하는 가장 심한 짓은 레온이 목줄

Story 12
우리가 친구라는 증거

을 물고 왔을 때의 일이었습니다.

나는 그 목줄을 낚아채서 레온의 얼굴에 냅다 던졌습니다.

그때 레온은 뭔가 놀이를 한다고 착각했는지 꼬리를 흔들었지만 그 모습에 점점 더 질려서 "작작 좀 해!"라고 소리를 질렀습니다.

그런 일이 있어도 레온은 매일 내가 집에 돌아오면 지치지도 않고 개집에서 나와 꼬리를 흔들었습니다.

어느 날 레온은 예고도 없이 기운을 잃었습니다.

개집 구석에서 갈색 털뭉치가 축 늘어져 있어서 내가 옆에 쪼그리고 앉았더니 레온은 큰 입을 벌리고 헐떡였습니다.

이미 남은 시간이 길지 않다는 것을 한눈에 알 수 있었습니다.

나는 문득 생각이 나서 엄마가 버리지 않고 현관 벽에 걸어 둔 목줄을 레온의 입가에 조용히 늘어뜨려 보았습니다.

그러자 레온은 입꼬리로 목줄을 물고 들릴 듯 말 듯한 작은 목소리로 '구우' 하고 소리를 냈습니다.

당겨 보았습니다.

목줄은 별다른 저항 없이 레온 앞의 땅바닥에 툭 떨어졌습니다.

다시 목줄을 흔들어 보였지만 레온은 이제 다시 물지 않았습니다.

그 대신 레온은 살짝 고개를 들어 나를 쳐다보았습니다.

그것이 마지막이었습니다.

일곱 살이었으니 오래 살았다고는 할 수 없습니다. 심장이 약한 것은 사실이었던 모양입니다.

나는 이제 움직이지 않는 레온의 몸을 쓰다듬었습니다.

온몸을 부비면서 응석을 부리던 레온.

가족에게 야단을 맞고 미안해하는 표정을 짓던 레온.

맛있는 먹이를 걸신들린 듯이 먹어치우던 레온.

가족들이 돌아올 때마다 쇠사슬을 찰캉찰캉 소리 내면서 개집에서 나와 모습을 드러내던 레온.

이제 기억에서 지워지기 시작할 레온의 모습을 잊지 않으려고 나는 계속 레온을 쓰다듬었습니다.

하지만 시간이 지나자 레온의 몸은 차츰 식어 갔습니다. "이제 목줄 당기기 놀이는 못하겠구나" 혼자 중얼거리자마자 갑자기 눈물이 쏟아졌습니다.

레온은 늘 기대에 찬 눈으로 나를 바라보았습니다.

Story 12
우리가 친구라는 증거

매일 구박 받으면서도 나와 놀기를 포기하려고 하지 않았습니다.

그런데도 왜 나는 그토록 놀아 주지 않았던 것일까요?

동아리 활동이니 시험공부니 날이 추우니 더우니 그런 변명만 하고. 후회가 파도가 되어 덮쳐 왔습니다.

다시는 볼 수 없는 존재의 크기를 실감하며 나는 오래도록 슬프게 울었습니다.

소중한 것을
뒤로 미뤄도 될 정도로
인생은 길지 않습니다.

펫로스, 반려견과의 이별

사랑하는 반려동물을 잃는다는 것.

어떤 사람들은 슬픔을 가누지 못해 우울증에 걸리거나 갑자기

몸 상태가 나빠지기도 합니다.

그것은 반려동물과 함께 지내 온 시간 동안 자란 애정이

갈 곳을 잃고 일으킨 증상이라고 할 수 있습니다.

오랜 시간 함께하던 존재가 사라지면 누구나

쓸쓸해지기 마련입니다.

하물며 개는 우리 바로 곁에서 함께 생활해 온 존재입니다.

늘 그 자리에 있을 줄 알았던 반려견이 사라진다는 것은

쓸쓸할 뿐만 아니라 '무섭다'는 생각마저 들게 합니다.

사랑하는 반려견을 잃으면 누구나 경험하는

펫로스 증후군(pet loss syndrome : 가족처럼 사랑하는 반려동물이

죽은 뒤에 경험하는 상실감과 우울 증상을 말한다-역주).

그중에서는 비교적 증상이 경미하게 끝나는 사람과

일상생활을 하지 못하게 될 정도로

증상이 무거운 사람이 있습니다.

물론 각자의 체력이나 정신력에 따른 개인차도 있을 것입니다.

하지만 펫로스 증후군으로 괴로워하는 사람들은

일정한 공통점을 보입니다.

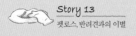

바로 "더 ~ 해 줬으면 좋았을 텐데" "왜 ~ 해 주지 않았을까?"
라고 후회하는 것입니다. 실제로 그런 사람이 많습니다.
"조금만 더 신경 써 주었더라면 심한 병에 걸리지 않았을 텐데"
"함께 이런 곳에 가고 싶다고 생각하면서두 계속 뒤로 미뤘다"
"시간이 없어서, 마음에 여유가 없다는 이유로 놀아 주지
않았다."
이처럼 해 줄 수 있었는데 해 주지 않았다는 후회가
반려견이 죽은 후에 우리를 고통스럽게 만듭니다.
반려견에 대한 애정의 깊이보다 오히려 크나큰 후회가
펫로스 증후군의 무게와 비례하는 것은 아닐까요?

개의 수명은 짧습니다.
개 주인은 언젠가 키우던 반려견의 죽음을 맞이하게 됩니다.
열 살이 지나면 언제 헤어져도 이상하지 않습니다.
그리고 펫로스는 정말로 고통스럽습니다.
키우던 반려견을 잃은 후에 반려견과 보낸 멋진 추억만을
남기기를 바랍니다.

그러려면 평소에 "지금 사랑하는 반려견에게
해 줄 수 있는 것은 전부 지금 당장 해 주자"라는 각오와

행동이 필요합니다.

그런 자세야말로 결국에는 자신을 구원해 줄 것입니다.

두 사람과 한 마리 개

열두 살 된 퍼그(♂)를 키우던
서른다섯 살 남성으로부터

우리가 기르던 검은 퍼그 '피트'에 대한 이야기입니다.

신혼 시절, 애완동물 가게에서 그 개성적인 외모를 보고 한 눈에 반했습니다. 안아 보니 우리의 얼굴을 번갈아 가며 할짝할짝 핥아 주는 것이 말할 수 없이 사랑스러워서 그날 당장 키우기로 결심했습니다.

피트는 쫑쫑 걸으며 우적우적 먹고 드렁드렁 코를 골고 어쨌든 시끄럽고 애교 있는 강아지였습니다.

두 사람과 한 마리 강아지가 보내는 시간은 정말로 행복했습니다.

잠시 부부끼리 진지한 대화를 나눌 때도 "말이 너무 심한 거 아냐, 피트", "피트라면 그렇게 안 할걸" 하고 대화에 피트를 껴서 분위기를 부드럽게 할 수 있었습니다. 어안이 벙

병해서 눈을 크게 뜬 피트의 얼굴을 한번 보는 것만으로도 즐거운 기분이 되었으니까요.

피트는 사람을 잘 따르는 개였으나 그만큼 외로움도 잘 탔습니다.

피트는 우리 중 어느 한쪽이 없으면 싫은지 어느 쪽이든 나가려고 하면 가지 못하게 막듯이 늘 현관에서 대기하고 있었습니다.

"피트, 다녀올게. 곧 다시 볼 거야"라고 부드럽게 말을 걸어도 피트는 두 번 다시 못 볼 것처럼 애달프게 울거나, 무릎 위에 올라타거나, 앞발로 달려들어서 가지 못하게 방해했습니다. 휴일이 끝난 날에는 놀아 주느라 탈이 난 적도 있을 정도로 천진난만한 강아지였던 것입니다.

우리는 맞벌이를 했는데 낮 동안은 아내가 일하고 밤에는 내가 일했으므로 두 사람과 피트가 함께할 시간은 거의 없었습니다. 글자 그대로 서로 스쳐 지나가는 생활을 계속했던 것입니다.

그러다 우리 부부가 헤어지게 되었습니다.

아이가 없어서 이혼은 그리 어려운 일이 아니었지만 막상

헤어지려고 하니 피트가 문제였습니다.

개는 아이와 달리 재판에서 친권을 놓고 분쟁을 하지는 않습니다. 그래도 피트에게 행복한 환경은 무엇일지 둘이서 진지하게 생각할 필요가 있었습니다.

그 답이 나올 때까지 그렇게 오래 걸리지는 않았습니다.

아내가 병에 걸려 일을 쉬었을 때, 나는 피트를 혼자서 기를 수 있다는 자신감을 완전히 잃었기 때문입니다.

침대에 누워 있는 아내에게 나는 하루 종일 주의를 들었습니다.

아침 산책을 나가려고 하면 "이런 시간에 나가면 안 돼. 아스팔트 위는 온도가 거의 60도까지 오르니까"라고 하고, 먹이를 주려고 하면 "'기다려' 하고 단단히 이르고 나서 줘"라고 하고, 계단을 좋아해서 내려가게 하려고 하면 "피트는 등뼈가 약해서 안아 줘야 해"라고 지적을 받았습니다. 그러면서 나는 피트에 대해 아는 것이 없었던 점을 반성했습니다.

물론 나도 피트를 몹시 좋아합니다. 아무리 바빠도 놀아 주려고 노력했습니다. 하지만 나는 피트의 건강에 대해, 훈육에 대해, 중요한 것은 일체 알지 못했습니다. 예방접종에 대해서도, 사료에 관해서도, 필요한 약에 관해서도 전부 아내에게 맡겼던 것입니다.

굉장히 씁쓸했지만 나는 피트를 아내에게 맡기기로 했습니다. 살고 있는 집도 아내의 것이었고 경제적으로도 아내가 여유가 있었습니다. 피트는 아내가 맡아야 더 행복할 것이라고 확신했습니다.

부부생활의 마지막 날, 나는 아내와 피트와 산책을 했습니다.

두 사람과 한 마리 개, 나란히 나간 우리는 누가 보더라도 즐겁고 기뻐 보였습니다.

피트는 깡충깡충 뛰다시피 걸으며 더는 못 기다리겠다는 듯 앞으로 가서 몇 번이나 우리를 뒤돌아보았습니다.

때때로 뒤로 돌아본 채로 딱딱하게 굳은 피트의 우스꽝스러운 얼굴을 보고 우리는 굳은 표정을 무너뜨리고 "진짜 못생겼다"고 말하며 웃었습니다. 그렇게 아내와 평화로운 시간을 보낸 것이 대체 얼마 만이었는지 생각도 나지 않았습니다.

헤어지고 나서 3년 후, 전처에게 "피트가 이제 오래 못 살지도 몰라"라는 전화를 받았습니다.

내 기억 속에서는 애완동물 가게에서 만난 강아지일 때 그대로였으나 피트는 이미 열두 살이었습니다.

나는 휴일을 기다려 전에 살던 집을 방문했습니다.

마치 어제까지 살았던 것처럼 아직 그리움도 느끼지 못할 만큼 익숙한 '옛' 우리 집에서 피트의 모습만이 변해 있었습니다.

이전이라면 내 모습을 보고 달려들었을 피트는 웅크리고 앉은 채 움직이지 않았습니다. 눈으로만 내 모습을 확인하고 꼬리를 팔랑팔랑 흔들 뿐이었습니다.

등을 어루만져 주면서 "괜찮니?"라고 물으며 안아 주자 피트는 거칠게 숨을 쉬면서 꼬리로 대답해 주었습니다.

이튿날, 전처에게 "죽었어"라는 연락을 받았습니다.

물론 각오는 했지만 전처가 "피트는 우리 모두가 모이기를 기다렸는지도 몰라"라고 말했을 때는 몹시도 쓸쓸했습니다.

피트는 두 사람과 한 마리가 모이고 나서야 겨우 만족하고 저 세상에 갔는지도 모릅니다.

"잘 가. 꼭 다시 보자."

피트를 보내고 난 후 허전한 마음에 눈물이 멈추지 않았습니다.

집에 돌아오지 않으면 걱정되는
영원히 소중한 친구입니다.

문제 있는 개는 없다

개는 무리를 지어 생활합니다.

무리 안에서 위아래 일렬로 줄을 세우고 서열을 확정시킵니다.

개에게 무리의 규율(법률)은 딱 하나.

'리더를 따른다'는 것뿐입니다.

개의 무리는 원숭이나 바다표범 무리와는 다릅니다.

서서히 힘을 기른 수컷이 무리의 리더에게 도전하여 지위를

대물림하는 습성은 없습니다.

그래서인지 리더를 꽤나 신중하게 선발합니다.

판정할 때까지 때로는 2~3년이 걸리기도 합니다.

하지만 일단 리더로 인정하면 평생 따르게 됩니다.

개는 기본적으로 '자신이 고른 리더가 기뻐하게끔' 행동하므로

기르는 반려견에게 리더로서 인정을 받게 되면

무엇을 요구해도 솔선하여 응하려고 할 것입니다.

반려견에게 이상적인 생활은 강한 주인과 사는 것입니다.

'강한 리더'에 대한 정의는 개든 인간이든 같습니다.

무슨 일이 있어도 적으로부터 보호해 주고, 자신을 사랑해

주고, 강한 의지를 가진 사람이야말로 '강한 리더'입니다.

다정하기만 하다고 좋은 게 아닙니다.

원하기만 하면 언제나 먹을 것을 주는 사람과

Story 14
문제 있는 개는 없다

반려견의 건강을 생각해서 영양을 관리해 주는 사람을
비교했을 때 어느 쪽이 애정이 더 깊은지 반려견도 그 차이를
느낄 수 있습니다.
중요한 것은 무리에 속한 인원 각자와 정면으로 마주하느냐,
아니냐 하는 점입니다.

리더는 무리에 속한 일원이 올바르게 행동하면 몇 번이든
귀찮아하지 않고 칭찬해 주고 반대로 나쁜 짓을 하면
몇 번이든 포기하지 않고 따끔하게 야단쳐야 합니다.
이렇듯 반려견과 함께 지내는 데 있어
무엇보다 중요한 것이 인내심입니다.
다소 집요한 행동이야말로 반려견에게는 오히려 존경할
가치가 있는 것입니다.

배를 쓰다듬어도 될까요?

열한 살 된 토이푸들(우)을 기르는
마흔다섯 살 여성으로부터

폐업한 브리더(breeder: 반려동물의 교배 분양을 지원하는 전문
가-역주)가 제대로 보살펴 주지 않는다는 이유로 보건소에
수용된 아홉 살짜리 반려견을 맡았습니다.

토이푸들로 이름은 '모모'인데 붉은 털은 아무렇게나 자랐
고, 피부병이 조금 있고 콧머리는 일부가 벗겨진 채였습니다.

그런 외모였지만 나는 그것도 개성처럼 사랑스럽게 느껴
졌습니다. 그래서 동물이라면 질색하는 남편에게 몇 번이나
부탁해서 마침내 집에 들여도 된다고 허락받았습니다.

자식 복이 없던 터라 모모와 함께 시작할 새로운 생활을 기
대했지만 맡은 당일부터 불안해졌습니다.

우리 집에 온 모모는 처음에는 얌전히 방안의 모습을 살펴

보았으나 바로 문제행동을 일으키기 시작했던 것입니다.

티슈와 텔레비전 리모컨, 잡지, 양말, 쓰레기통, 쿠션 등을 닥치는 대로 물어뜯어 너덜너덜하게 만들고, 배변용 시트는 무시하고 카펫 여기저기에 오줌을 싸 놓고, 초인종이 울릴 때마다 시끄럽게 짖고, 나는 물론 남편과 가구에도 마운팅하는 동작을 하고, 청소기를 돌리면 미친 듯이 쫓아다니고 거치적거려서 안아 올리면 으르렁대며 물었습니다.

하루 종일 쫓아다니고 야단치느라 우리 부부는 목소리도 갈라지고 지쳤습니다. 그때는 모모를 키우기로 한 것을 후회했습니다.

반려견을 키우는 게 이렇게 힘들 줄이야.

혹시 보건소에서 슬픈 경험을 한 개라서 이렇게 힘든 것일까요?

하지만 무엇 때문이든 다시 보건소로 돌려보낼 수는 없었습니다.

그제야 나는 생명을 맡는 일의 막중함을 겨우 깨달았습니다.

키우고 싶다고 말을 꺼낸 것은 나 자신이었습니다. 그러니 있는 힘을 다해 모모를 소중히 키우기로 마음먹고, 반려견을 키우는 베테랑 주인들의 블로그를 보고 연구하기 시작했습니다.

그러다가 '문제가 있는 주인은 있지만 문제가 있는 개는 없다'라는 문장을 발견했습니다.

모모에게 문제가 있는 것이 아니라 내가 바뀌지 않으면 안 된다는 것입니다. 나는 모모에게 안도감을 주는 리더가 되어야 했습니다.

리더란 기르는 반려견의 행동에 일희일비하지 않고 일관되게 의연한 태도를 취하는 존재입니다.

이러한 태도는 반려견이 쾌적하게 살 권리를 지켜 주는 것이기도 했습니다.

오줌을 쌀 때마다 야단을 쳤더니 모모가 혼란스러워했으므로 일단은 배변용 패드를 방안 전체에 깔고 조금씩 배변용 시트의 수를 줄여 나가면서 용무를 보는 위치를 확정해 주었습니다.

초인종이 울리면 모모가 무서워해서 아예 외부인이 초인종을 누를 수 없도록 전원을 끊었습니다.

청소기를 돌리면 모모가 흥분하므로 모모가 마음 편히 지낼 수 있게 방안에서는 빗자루로 청소하기로 했습니다.

또 모모가 정말로 이 사람에게 목숨을 맡겨도 괜찮을까?

하고 걱정하게 놔두는 것은 가엾다는 생각에 마운팅 동작을 하지 않게 인내심 있게 배를 보여 주는 훈련을 하고, 이 집을 지키지 않아도 된다고 가르쳐 주었습니다.

그 후 어떻게 되었을까요? 결론부터 말하자면 그런 노력을 해도 모모는 변하지 않았습니다.

그래도 좋았다고 생각합니다. 모모와 적극적으로 관계를 맺게 되자 모모의 왼쪽 눈이 하얗게 흐려진 것을 깨달을 수 있었습니다.

브리더에게 화분증이라는 설명을 들었지만 동물병원에 데

리고 가자 이미 각막염이 생겨서 실명했다는 이야기를 들었습니다. 또 귀에서는 쉴 새 없이 귀지가 나왔는데 심한 외이염을 앓고 있기 때문이었습니다.

모모의 콧머리가 벗겨진 이유는 아마도 전에 있던 보건소의 우리 안에서 누군가 사람이 지나다닐 때마다 우리 가장자리까지 열심히 코를 문질렀기 때문일 거라고 했습니다.

그때 나는 모모가 9년간 처해 있던 환경을 떠올리고 가슴이 몹시 아팠습니다.

우리 집에 와서 문제행동을 일으키는 것도 어쩔 수 없다는 생각이 들었습니다.

모모는 결코 내 뜻에 따라 주지 않았습니다.

산책도 가고 싶어 하지 않았고, 쓰다듬어 주려고 하면 으르렁거렸습니다. 밥을 먹을 때 접시에 무심코 손을 댔다가 물릴 뻔한 적도 있습니다.

이런 느낌으로 모모와 우리 부부와의 사이에는 언제나 거리가 있었습니다.

본래 내가 상상하던 '반려견과 사는 생활'과 지금 이렇게 모모를 보살피는 생활은 아주 동떨어져 있었습니다.

하지만 이제 그래도 좋다, 하고 고쳐 생각하게 되었습니다.

Story 14
문제 있는 개는 없다

나는 변함없이 모모에게 애정을 쏟아붓고 있습니다.

안심하고 살 수 있도록 일관되게 '괜찮아'라는 태도를 유지하자. 그렇게 한다고 해서 모모가 나를 특별히 따르지 않아도 괜찮다. 모모가 조금이라도 안도감을 느낄 수 있다면 그걸로 족하다.

그런 마음을 최선을 다해 남편에게 전했더니 처음에는 반려견을 돌보는 것에 뜨뜻미지근한 태도를 보였던 남편도 모모의 훈련에 협력해 주게 되었습니다.

그리고 모모가 열한 살이 될 즈음, 나에게 두 번 다시 잊을 수 없는 일이 일어났습니다.

그것은 정말로 갑작스러운 일이었습니다.

아침에 평소와 다름없이 일하러 나가려고 신발을 신는 나에게 모모가 느릿느릿 다가왔습니다.

'웬일이야?'라고 생각하는데 모모가 내 발밑에서 벌렁 몸을 뒤집었습니다.

모모는 초롱초롱한 눈으로 나를 물끄러미 쳐다보았습니다.

나는 무심결에 경어로 물어보았습니다.

"배 쓰다듬어도 될까요?"

개에게 배는 최대의 약점입니다.

배를 보여 준다는 것은 긴장을 풀고 편안하게 있다는 증거입니다.

나는 기쁘고 몹시 감격하여 털이 덥수룩한 모모의 배를 정신없이 쓰다듬어 주었습니다.

배가 부풀어 올랐다 푸욱 꺼졌습니다.

모모의 배가 이토록 따뜻하다니.

당연한 말이지만 모모는 살아 있었습니다.

나는 일하러 나가는 것도 잊고 한동안 모모의 배를 어루만졌습니다.

모모는 기분 좋은 표정으로 내내 이쪽을 바라보았습니다.

Story 14
문제 있는 개는 없다

평생 느끼는 기쁨의 절반은
믿음에서 생겨난답니다.

Story 15

문제행동을 고치는 긍정 강화

인간 사회에서 생활하는 데는 다양한 제약이 있고 함께 사는 강아지도 따라야 하는 규칙이 많이 있습니다.

바깥을 오가는 사람에게 마구 짖으면 이웃에 폐가 됩니다.

가까이 다가온 아이를 무는 것은 용납되지 않습니다.

길에 떨어진 썩은 음식물을 주워 먹어도 곤란합니다.

더러운 발로 뛰어다니며 타인의 옷을 더럽혀서도 안 됩니다.

이렇듯 하면 안 된다고 단단히 이른 행동을 한 애견에게 많은 견주들이 "안 돼!"나 "노(no)"라고 말하며 혼을 냅니다.

하지만 반려견이 문제행동을 좀처럼 고치지 못하는 것은 바로 이 때문입니다.

개의 두뇌는 사물을 상상하거나 예측하는 데 서툽니다.

요컨대 이것을 하면 야단맞을지도 모르니 그만두자는 발상은 하지 않습니다.

물론 체험에 의한 기억은 남을 테니까 이렇게 하면 야단맞겠다고 학습하지만 그러니까 그만두자라고는 생각하지 못하는 것입니다.

그러면 어떻게 해야 곤란한 짓을 '해 버리는 개'에서 '하지 않는 개'가 되도록 훈육할 수 있을까요?

대답은 간단합니다.

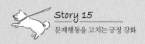

Story 15
문제행동을 고치는 긍정 강화

개는 상상은 잘하지 못하지만 일어난 사안은 바로 기억합니다.

게다가 기억력이 아주 좋습니다.

그러니 곤란한 짓을 '하지 못하는 상황'이나

'하지 않는 상황'을 일부러 만들고 칭찬하면 됩니다.

괜히 짖으면 야단쳐도 상관없습니다. 그저 그 후에 바로

입을 막고 짖지 못하게 해놓고 나서 얼굴색을 바꾸고

다정하게 칭찬해 주는 것이 중요합니다.

그러면 개는 짖었더니 야단맞았다고

학습한 직후에 짖지 않았더니 칭찬받았다는 결과를

학습합니다.

개 주인에게 칭찬을 받고 싶은 개는 이 '기쁜 경험'을 학습하고

짖지 않게 됩니다.

달려들거나 잡아당기는 버릇을 고치는 것도 방법은 같습니다.

산책할 때 반려견이 심하게 잡아당기면 목줄을 끌어당기면서

강한 어조로 "안 돼!"라고 외치는 주인을 자주 보는데,

이것은 역효과만 날 뿐입니다. 목줄을 잡아당기면서

야단치면 애견은 점점 멀리 가려고 하게 됩니다.

애견이 잡아당겼을 때는 다정하게 "이리 와"라거나

"이쪽이야"라고 말하면서 목줄을 부드럽게 끌어당기고,

곁으로 오면 바로 칭찬해 줍시다. '잡아당기는 건 나빠'라고

가르치지 말고 '곁에 바짝 붙어서 걷는 게 좋다'고
가르쳐 주는 것입니다.
잘못 가르쳐 주는 게 아닐까 생각될지도 모르지만,
꾸준히 실천하면 반려견이 산책할 때 목줄을
심하게 끌어당기지 않게 될 것입니다.

할머니와의 약속

일곱 살 된 비글(우)과 지낸
스물네 살 여성으로부터

 사회인이 되고 처음 혼자 나와 살게 되었을 때, 나는 엄마
의 추천으로 셋집 주인과 같이 사는 아파트를 골랐습니다.

 그 아파트는 건물 자체는 낡았지만 마당에는 서양식 벤치
와 테이블, 주인 할머니가 토마토와 오이를 기르는 화단이
있고 입구에 비글인 '비키'가 있는 멋진 곳이었습니다.

 차분한 분위기의 아파트였는데 이사한 첫날, 비키가 나를
보고 기세 좋게 짖는 바람에 나는 놀라 비명을 질렀습니다.

 이것을 기억한 주인 할머니는 내가 회사에서 돌아올 때마
다 개집에서 나온 비키가 나에게 오지 못하게 손으로 눌렀습
니다.

 비키는 걸핏하면 짖었습니다. 산책 가고 싶을 때, 구급차가
지나갈 때, 고양이와 까마귀가 근처에 왔을 때, 집에 사는 사

람들이 돌아왔을 때, 배가 고플 때, 무슨 일이 있어도 잘 짖었습니다. 비키에게는 비키만의 사정이 있으니 무언가를 호소한 것일 테죠.

나는 별로 개의치 않았는데, 할머니는 마음이 쓰였는지 만날 때마다 "개가 시끄럽게 해서 미안하우"라고 사과했습니다.

어느 일요일, 특별한 일정이 없어서 방에서 뒹굴거리고 있는데 마당에서 "으르르릉" 하는 소리가 들렸습니다.

창밖을 살펴보니 비키와 주인 할머니가 함께 있었습니다.

주인 할머니는 비키가 짖는 타이밍을 노려서 지체 없이 비키의 입을 누르며 "이놈!" 하고 야단쳤습니다. 비키가 할머니의 눈치를 살피며 입을 다물면 부드러운 목소리로 "좋아, 착하지"라고 칭찬해 주었습니다. 그리고 비키의 입에서 손을 떼고 지켜보다가 다시 짖으면 바로 입을 눌러서 "이놈!" 하고 야단쳤습니다. 그리고 조용해지면 다시 "그래, 그래 이제 짖지 않을 거지? 약속!" 하고 부드럽게 칭찬했습니다.

그것을 몇 번인가 되풀이하는 동안 "멍멍멍멍"은 "으르르릉"으로 변했습니다.

비키는 주인 할머니를 쳐다보았습니다.

"착해졌구나."

내 목소리를 알아챈 주인 할머니가 기쁜 듯이 웃으며 말했습니다.

"애견학교에서 배웠나우. 이제 조용해질 거야."

주인 할머니는 비키가 괜히 짖지 않게 열심히 훈련을 했던 것입니다.

물론 나를 위해서가 아니라고 해도 고마우면서도 미안한 복잡한 기분이 되었습니다.

2, 3일쯤 지나자 이유 없이 짖던 비키가 덜 짖게 되었습니다.

내가 회사에서 돌아와도 비키는 으릉 하고 짖으려다가 이를 앙다물었습니다. 볼살을 부르르 흔들며 바로 옆에 있는 주인 할머니의 얼굴을 흘깃 쳐다보았습니다. "장하다 비키" 주인 할머니가 비키를 쓰다듬어 주었으므로 나도 같이 비키를 마음껏 쓰다듬어 주었습니다.

그로부터 얼마 후, 주인 할머니가 아파트에서 사라졌습니다.

처음에는 여행을 가셨나 생각했는데 일주일쯤 지나도 소식이 없어서 걱정이 되었는데, 주인 할머니의 여동생 분이 와서 주인 할머니가 입원했다는 소식을 알려 주었습니다. 구체적인 병명은 가르쳐 주지 않았지만 꽤나 중한 병인 듯 좀 체 퇴원할 수 없다고 했습니다.

주인 할머니 대신 주인 할머니의 여동생이 아파트를 관리 하게 되자 다시 비키가 이유도 없이 짖기 시작했습니다.

주인 할머니의 여동생 분은 아파트에 사는 주민들에게 폐 를 끼칠까 봐 신경 쓰였는지 "시끄러" "조용히 해"라고 야단 쳤지만 비키는 전혀 조용해지지 않았습니다.

한 달이 지나도 주인 할머니는 돌아오지 않았고 비키는 하 루 종일 쓸쓸해 보였습니다.

산책을 시키거나 먹이를 주는 등 여동생 분이 잘 보살펴 주 는 듯했지만 비키는 밖에 나갈 때는 계속 짖었고 개집 안에 서는 쭉 앞발을 물고 있었습니다.

주인 할머니가 겨우 잠시 집에 돌아올 수 있었던 것은 갑자 기 사라지고 나서 3개월여가 지났을 무렵이었습니다.

주인 할머니가 돌아온 날, 나는 회사를 조퇴하고 아파트에 서 주인 할머니를 맞이했습니다.

주인 할머니의 회복을 축하할 겸, 비키와의 재회를 보고 싶 었기 때문입니다.

한편으로 비키가 조금 걱정되기도 했습니다.

Story 15
문제행동을 고치는 긍정 강화

개의 시간은 인간의 4배 정도로 빨리 지나간다고 들은 적
이 있습니다.

어쩌면 비키는 주인 할머니를 잊어버렸을지도 모릅니다.

그때가 되면 무엇이든 좋으니까 뭔가 말을 걸어 주고 싶다
고 생각했던 것입니다.

잠시 집에 돌아온 당일, 주인 할머니는 남편이 미는 휠체어
를 타고 들어왔습니다.

건강해 보여서 한시름 놓았습니다.

그런데 애견과의 감동적인 재회는 하지 못했습니다. 걱정
한 대로 비키가 원래 주인을 알아보지 못했던 것입니다.

비키는 할머니를 보고 개집 안에서 심하게 짖으면서 경계
태세를 취했습니다.

주인 할머니가 몇 번이나 "비키야, 나야" 하고 불렀지만 그
래도 알아보는 낌새가 없었습니다.

주인 할머니는 웃으면서도 조금은 쓸쓸해 보였습니다.

나는 허둥대면서 "어떻게 된 거지?" "오랜만이라 놀랐나
보네요"라고 별 의미 없는 말을 했습니다.

우리가 그 자리에서 움직이지 않자 비키는 으르렁거리면

서 개집에서 쭈뼛쭈뼛 나왔습니다.

　그리고 주인 할머니의 발밑으로 가서 냄새를 맡던 그때였습니다.

　비키가 "으릉!" 하고 소리를 냈습니다.

　이를 앙 다물고, 볼살을 부르르 떨었습니다.

　으르렁거리는 소리를 참을 때의 그 얼굴이었습니다.

　내 눈에서 눈물이 왈칵 솟았습니다.

　기뻐서 꼬리를 빙빙 돌리는 비키.

　주인 할머니는 비키를 힘껏 안더니 몇 번이나 몇 번이나 어루만졌습니다.

약속은 간단히 할 수 없지만
한 번 한 약속은 꼭 지킵니다.

Story 15
문제행동을 고치는 긍정 강화

목숨을 건 믿음

개는 자신이 누구와 평생 살아야 하는지를 선택합니다.
그것은 따로 배우는 것이 아니라 본능적인 습성이라고
할 수 있습니다.
사는 것도 죽는 것도 평생에 걸쳐 함께하겠다고
생각할 정도니까 선택 방법은 신중합니다. 주인이 될 사람이
얼마나 자신을 사랑하는지, 얼마나 자신을 지켜 줄지를
진지하게 탐색합니다. 통상은 1년 정도지만 개중에는
대략 3년에 걸쳐 신중하게 선택하는 개도 있습니다.
예를 들어 반려견을 목욕시킬 때
개가 조금 난리법석을 부렸다고 합시다.
그때 애를 먹은 주인이 샴푸를 집어던지고 안이하게
애견미용실에 맡긴다면
"우리 집 주인은 자기 개의 청결함도 돌보지 못하는구나"
하고 판정합니다.
또 어느 날 갑자기 반려견이 몸 상태가 나쁘지도 않은데
늘 먹던 사료에 입을 대지 않는다고 칩시다.
그때 걱정한 주인이 냉장고에서 맛있는 고기 간식을
꺼내 주면 좀 건방지게 말해서 "우리 집 주인은
당황하게 만들면 맛있는 것을 주는 부하"라고 판정합니다.

Story 16
목숨을 건 믿음

그런 식으로 행동하면서 그때마다 주인의 반응을 보고
이 사람에게 정말로 자신을 지켜 줄 힘과 사랑이
있는지를 판정합니다. 판정은 엄격합니다.
하지만 이 시험에 합격하여 신뢰할 수 있는 사람이리고
인정받으면 개는 더는 망설이지 않습니다.
자신이 신뢰할 수 있는 사람을 선택하면 더 이상
개는 한눈을 팔지 않습니다. 다른 반려견과 다른 사람,
다른 무리는 다시는 상관하지 않습니다.
개 주인이 "기다려"라고 말하면 틀림없이 죽을 때까지
기다릴 겁니다.

개에게는 '목숨을 위험에 노출시키는 행위'보다
'신뢰를 배신하는 행위'를 더 못하는 속성이 있습니다.
우리네 인간에게는 좀처럼 보기 힘든 속성입니다.
만약 하려고 한다면 엄청난 용기가 필요합니다.
하지만 개는 어떤 개든 너무나도 단순하게 목숨을 걸고
인간을 신뢰합니다.

당신을 기다리는 개

나이를 알 수 없는 잡종견(♂)을 돌본
열네 살 소녀로부터

부모님이 이혼하고 도시에서 지방으로 전학을 가게 되었습니다. 그런데 이사한 곳에서 나는 좀처럼 친구를 사귀지 못했습니다.

등교할 때도, 체육관으로 갈 때도, 급식을 먹을 때도 늘 혼자였습니다.

외롭지 않았다고 하면 거짓말이겠지만 "나도 이런 시골 아이들과 사이좋게 지내고 싶지 않아"라고 생각하며 어떻게든 마음의 균형을 잡았습니다. 분명히 그런 폼을 재는 분위기가 반 아이들에게도 전해졌으리라 생각합니다. 학교에 있어도 집에 있어도 책을 읽거나 혼자 일기를 쓰는 시간이 많았고 엄마 이외에는 누구와도 말하지 않는 나날이 계속되었습니다.

어느 날, 학교에서 돌아오니 같은 단지에 사는 남자애가 별 안간 "부탁이 있는데" 하고 말을 걸어왔습니다.

그 애는 한 학년 아래로 이름은 히데라고 했습니다. 어떤 아이인지 잘 몰랐지만 목소리가 작고 표정도 어둡고 비교적 눈에 띄지 않는 느낌의 남자애였던 것 같습니다.

하지만 나는 오랜만에 말을 걸어 준 것이 기뻐서인지, 무엇을 부탁할지 호기심이 발동해서인지 별다른 의심 없이 그 애의 뒤를 따라갔습니다.

한동안 뒤를 따라가자 히데는 근방의 뒷산을 오르기 시작했습니다.

잠시 산을 오르다가 도중에 수풀을 헤치고 나아가자 조그만 광장이 나왔습니다. 그곳에 얇은 판을 여러 개 덧대어 만든 나무상자 같은 것이 놓여 있었고 그 곁에는 털이 복슬복슬한 개가 웅크리고 앉아 있었습니다.

노끈에 묶여 있던 복슬개는 얌전했지만 온몸이 흙투성이로 표정이 잘 보이지 않았습니다. 복슬개가 묶여 있는 나무의 가지에는 야구공이 매달려 있어서 이곳에서 히데가 논다는 것을 한눈에 알 수 있었습니다.

Story 16
목숨을 건 믿음

"렌." 히데가 이름을 부르자 복슬개는 천천히 일어나서 뭔가를 기대하는 듯한 눈으로 이쪽을 바라보았습니다.

"이런 곳에서 키우는 거야?" 내가 걱정이 되어 묻자 히데는 "응. 여기서 키워. 너도 도와주시 않을래?"라고 말하면서 비닐봉투에서 급식 잔반을 손으로 꺼내서 먹이 그릇에 놓았습니다. 밥과 볶음 반찬, 생선구이 부스러기가 뒤섞인 것을 복슬개는 맛있게 먹었습니다.

"이런 곳에서 개를 키우면 안 되지 않아?"

그러자 히데는 "하지만 단지에서는 키울 수 없으니까"라고 이상한 변명을 했습니다.

"그냥 풀어 주는 편이 낫지 않아?"라고 물었더니 "그러면 불쌍하잖아"라는 대답이 돌아왔습니다.

더는 이야기하지 않았습니다.

어차피 나는 개를 키울 수가 없었고 뒷산에서 개를 키우다니 절대 안 될 일이라고 생각했으므로 그 애의 부탁은 거절하기로 했습니다.

그런데 렌이 신경이 쓰여서인지 다음날 아침 일찍 눈이 떠지는 바람에 나는 학교에 가기 전에 어젯밤에 먹던 어묵 남은 것을 플라스틱 용기에 담아 뒷산으로 갔습니다.

어제와 같은 장소에 가니 렌은 나무에 묶인 채 그대로 있었습니다.

렌은 내가 오자 조금 경계하는 모습이었으나 가져온 어묵을 발밑에 두자 순식간에 먹어치웠습니다.

먹고 나니 그걸로 만족했는지 렌은 내게 눈길도 주지 않고 잠이 들었습니다.

나는 그날 이후로 매일 렌의 모습을 보러 가게 되었습니다.

당시 나는 친구가 없었던 터라 아침에도 방과 후에도 렌과 꽤나 오랜 시간을 같이 보냈다고 생각합니다.

갈 때마다 뭔가 먹을 것을 주었고, 말을 걸었고, 턱과 몸을 어루만져 주었습니다.

하지만 어떤 일인지 그후로 히데와는 만나지 못해서 감사의 인사를 받지 못했습니다.

그리고 신기하게도 렌도 나를 전혀 따르지 않았습니다.

한 달쯤 지나서 히데 일가가 이미 이사 갔다는 사실을 알았습니다.

이사 간 것을 알고 이튿날, 나는 가위를 들고 뒷산에 가서

Story 16
목숨을 건 믿음

렌을 묶고 있던 줄을 끊었습니다.

"이제 자유야. 가고 싶은 곳에 가렴."

나는 쓸쓸하면서도 후련한 기분으로 그 자리를 떠났습니다.

그런데 뒤돌아보니 여전히 렌은 같은 장소에서 앉아 있었습니다.

"어서 어딘가로 가버려" 하고 외쳤지만 렌은 여전히 그 자리에서, 그대로 꿈쩍도 하지 않았습니다.

'머지않아 어딘가로 가서 보이지 않겠지'라고 생각하고 이튿날 확인하러 가니 렌은 여전히 그 자리에 철퍼덕 누워 자고 있었습니다.

이미 자기 자신을 구속하는 끈이 없는데도 개의치 않는 듯한 모습이었습니다.

어쩌면 여전히 내가 먹을 것을 갖다 주겠거니 하고 기대하고 있었는지도 모릅니다.

그래서 이제 그만 보러 가자고 결심했습니다.

장마철이라 비가 계속 내리고 다시 3일이 흘렀습니다.

'아무리 그래도 이제는 없겠지'라고 생각하고 뒷산에 가니 떨어진 낙엽이 모여 산을 이룬 것 같은 물체가 있었습니다. 바로 렌이었습니다.

렌은 비를 맞으면서 배를 깔고 엎드려 있었습니다. 그새 약해진 것 같아서 가지고 있던 과자를 주었는데, 렌은 그것을 조금 먹자 고개를 돌리고 잠이 들었습니다.

"이제 가라, 어딘가로 가라고." 나는 반쯤 울면서 렌의 등을 세차게 밀었지만 아무리 밀어도 렌은 그 자리에서 떠나려고 하지 않았습니다.

"왜 가지 않는 거야?"라고 말하면서 나는 깨달았습니다.

렌은 내내 히데가 돌아오기만을 기다리고 있었던 것입니다.

어쩌면 히데도 이사 가기로 정해졌을 때, 렌을 산에다 풀어주려고 했는지 모릅니다.

하지만 어딘가로 가려고 하지 않아서 하는 수 없이 나에게 맡기려고 한 것입니다.

이제는 진실이 뭔지 알 수 없습니다. 나는 왠지 견딜 수 없는 기분이 들어 그 자리를 떠났습니다. 이제는 정말로 뒷산에 가지 말자고 생각했습니다.

뒷산에 가지 않게 되고 얼마 후 나는 반 친구들과 친해지게 되었습니다.

반 친구들에게 용기를 내어 "나도 끼워 줘"라고 말하자 두

Story 16
목숨을 건 믿음

말 않고 받아 주었던 것입니다. 싱겁게도 말이죠.

한번 반에 녹아들자 지금까지 느꼈던 고독은 무엇이었나, 생각될 정도로 모두와 사이좋게 지내게 되었습니다. 바다로, 번화가로, 친구네 집으로 놀러 다녔고 매일 목소리가 갈라질 정도로 떠들었습니다.

어느 날인가 우연히 친구들과 뒷산에 놀러 간 적이 있습니다.

그때는 이미 렌의 모습은 없었습니다.

얇은 나무 판때기로 지은 개집 근처에는 너덜너덜해진 야구공만이 떨어져 있었습니다.

다시 만날 수만 있다면
비록 내일 죽는다 해도
오늘은 행복할 수 있답니다.

아픈 개를 안아 주세요

개는 본질적으로 '통증에 강한 동물'이라고들 합니다.

실제로 사람과 비교하여 20배쯤 강하다고 말하는 학자도

있습니다.

자연계에 살며 사냥감을 쫓아 달리기 위해 고통을

잘 견디는 몸으로 진화했는지도 모릅니다.

하지만 고통을 전혀 느끼지 못하는 것은 아니라서

아플 때는 역시 통증을 느낍니다.

특히 개는 외상이 아니라 몸 상태가 좋지 않을 때 오는

고통에 특히 신경질적으로 반응합니다.

개는 병에 관해 배우지 않으니 배가 아파도 그것이 병의

징후임을 알아차리지 못합니다.

적의 습격을 받고 상처를 입으면 아픈 것이 당연하다고

자각하지만 내장이 아프면 '보이지 않는 적의 습격을 받았다'

고 생각하게 됩니다. 통증만이 아니라 보이지 않는 적에 대한

공포도 맛보게 되는 것입니다.

현재의 의학으로 통증 자체는 다소 억제할 수 있습니다.

하지만 보이지 않는 적에 대한 공포는 약으로 억제할 수

없습니다.

그럴 때 유일한 구원이 되는 것이 '가장 중요한 사람에게

안기는 것'입니다. 함께 살아온 신뢰하는 사람에게

Story 17
아픈 개를 안아주세요

꽉 안김으로써 통증에서 비롯된 보이지 않는 적에 대한
공포가 누그러집니다. 이렇듯 '안긴다'는 행위는 애정을
표현할 뿐만 아니라 상대에게 용기를 주는 원동력이 되기도
합니다.

큰 지진을 경험하고 공포심을 느낀 개는 약해져서
그 후 여진이 나면 작게 흔들리기만 해도 몸이 경련을
일으켜서 떨림이 멈추지 않는 증상을 보입니다.

그럴 때 치료 방법으로 효과가 있는 것도 역시 '안아 주는'
행위입니다.

반려견의 마음의 통증을 억제할 수 있는 것은 오로지 사랑하는
주인의 품 안인지도 모릅니다.

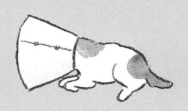

말로는 전할 수 없던 것

열네 살 된 요크셔테리어(♂)를 간호한
마흔두 살 여성으로부터

　상하관계를 중시하는 사람들 안에서 살아온 탓일까요?

　같은 동물병원에서 일하는 후배들에 비해 나는 좀 지나치게 엄격한 태도를 취했던 모양입니다.

　지시를 하거나, 주의를 주거나, 가르칠 때 말이 좀 심했을 겁니다.

　벽이 얇은 휴게실에서 때때로 그런 나에 대한 비난이나 내가 했던 말을 흉내 내는 소리를 들었습니다. 당사자 귀에 들어올 정도였으니 실제로는 더 많이 험담했을지도 모릅니다. 험담 중에는 몇 가지 오해도 있었습니다. 나는 마흔이 넘은 독신이지만 약혼한 후배를 질투한 적도 없었고, 여성 직원을 지배하려는 마음도 없었습니다.

　하지만 그렇게 여겨도 어쩔 수 없다고 생각한 적이 있습니다.

나는 완벽주의에다 지나치리만큼 책임감이 강합니다.

후배에게 일을 가르쳐 줄 수는 있어도, 완전히 믿고 맡기지 못해서 무심결에 참견하곤 했습니다. 급한 일이라면 직접 하는 편이 빨라서 무심결에 내가 해 비렸습니다.

그런 내가 때때로 싫었습니다.

하지만 일단 진료실에 들어가면 나 자신도 이상하리만치 후배의 작은 실수나 느슨한 태도를 용납하지 못하게 됩니다.

문득 한 요크셔테리어가 떠올랐습니다.

'하나'는 60대쯤 되어 보이는 여성이 늘 핑크색 캐리어에 넣어서 데리고 오는 아이였습니다.

처음 병원에 왔을 때, 하나는 간부전에서 비롯된 탈수증을 일으켜 캐리어 안에서 미세하게 경련을 일으키며 침을 흘리고 있었습니다. 곧 숨이 끊어질 듯이 보였습니다.

목숨을 겨우 구한 후에도 얼마 동안 주의가 필요한 상태였지만 의식을 되찾은 하나가 나를 보고 으르렁거리며 위협해 와서 진심으로 한시름 놓았습니다.

나와 같은 동물 간호사는 개에게 자신의 몸을 누르고, 아프게 하는 무서운 존재입니다. 그런 나를 경계한다는 것은 생존본능이 착실히 회복되고 있다는 증거였습니다.

그런데 후배가 으르렁거리는 하나를 놀리며 "꺄! 무서워"라고 웃었습니다. 그 태도가 괘씸해서 "무서우면 나가"라고 또 심한 말을 해 버렸습니다.

하물며 하나의 주인에게도 "왜 이런 상태가 될 때까지 놔두셨습니까? 개는 '아프다'거나 '괴롭다'고 말하지 못합니다. 관심을 가지고 지켜보기는 한 건가요? 말을 하지 못하는 개 대신에 알아주는 것이 주인의 의무입니다." 그런 심한 말을 해 버렸습니다.

결국 하나의 주인이 "정말 그렇네요"라고 몇 번이나 고개를 숙여서 나는 마음속으로 너무 심하게 말했다고 후회했습니다.

그 사이에 하나는 우, 우 하고 나를 보고 계속 신음소리를 냈습니다.

나의 경우 특히 그렇지만, 기본적으로 동물 간호사는 반려동물만이 아니라 주인에게도 미움을 받기 일쑤입니다.

적절한 치료를 하다 보면 반려견이 물거나, 발버둥 치거나, 짖는 일이 일상다반사인데도, 주인은 자신이 사랑하는 반려동물이 전에 없이 화내는 모습을 보면 동물 간호사가 난폭하

Story 17
아픈 개를 안아주세요

게 다뤄서 그렇다고 느끼는 모양입니다.

어떤 날은 치료 중인 개에게 가슴을 물렸는데 주인에게 말했더니 "○○는 사람을 문 적이 없어요. 당신 대체 무슨 심한 짓을 한 거죠? 솔직히 말해요"라고 따지는 사람도 있었습니다. 그때마다 표면상으로는 사과했지만 나는 올바른 처치를 했을 뿐이므로 진심으로 반성한 적은 없었습니다.

하나는 이후로도 수 개월간 통원치료를 계속했지만 어느 날 수의사 선생님이 "안타깝게도 하나는 오래 살지 못할 거예요"라고 진단을 내렸습니다.

그 말을 들은 주인은 아무 말도 하지 않았습니다.

나도 말없이 하나에게 주사를 놓았습니다. 하나는 주사를 놓으면 늘 싫어했지만 이날은 아무런 저항도 하지 못했습니다.

괴로운 듯이 누워서 엄니를 드러내는 하나에게 주사를 다 놓자, 주인이 돌아가는 길에 "하나에게 뭘 해 주면 좋을까요?"라고 나에게 물었습니다.

나는 잠시 생각한 후, "하나가 좋아하는 곳에 자주 데려가 주세요. 그리고 할 수 있는 만큼 오래 함께 있어 주세요. 개는 주인의 슬픈 감정에 민감하니까 되도록 밝게 행동해 주세요."라고 말했습니다.

　주인은 가만히 고개를 끄덕이고 쓸쓸한 웃음을 남기고 돌아갔습니다.

　그 날은 하나와 스쳐 지나가듯이 상처를 입은 대형견이 들어왔습니다.

　나는 곧바로 치료를 돕기 위해 들어갔습니다. 평소와 같이 몸을 '고정'하려고 했을 때, 큰 개가 갑자기 날뛰는 바람에 나는 두 손을 물렸습니다. 어찌나 심하게 물렸는지 피가 튈 정도였습니다. 아야! 하고 나오려는 소리를 꿀떡 삼키고 필사적으로 작업을 계속하려 했지만 피는 좀처럼 멈추지 않았습니다. 반려견의 기다란 털은 점점 붉게 물들었습니다. 나도 손에 힘이 들어가지 않아서 온몸으로 누르려고 했으나 그래도 피가 멈추지 않아서 다른 동물 간호사와 교대하게 되었습니다.

　"우리 애를 왜 그렇게 난폭하게 만들었죠? 그 간호사가 너무 사납게 다룬 건 아닌가요?"

　"진정하세요. 상처를 입고 흥분한 상태라 그렇습니다."

　"심한 짓을 했겠죠. 방금 전의 간호사를 불러서 사정을 설

Story 17
아픈 개를 안아주세요

명하라고 하세요."

그런 대화를 옆방에서 들으면서 나는 내 피로 점점 붉게 물들어가는 거즈를 바라보았습니다.

결국 나는 양손을 합쳐 열두 바늘이나 꿰맸습니다.

상처 자체는 2주일이 지나자 일에 지장을 주지 않을 정도로 회복됐지만 웬일인지 일하고 싶은 생각이 영 들지 않아서 잠시 휴가를 받았습니다.

쉬는 동안에 나는 중학생 시절의 어떤 기억을 떠올렸습니다.

당시 나는 차에 치여 나가떨어진 들개가 도로변에 난 수풀 속에서 숨이 곧 끊어지려고 하는 것을 쪼그려 앉아 지켜보고 있었습니다.

그때는 어떻게 해야 좋을지 몰라서 그 개가 숨을 쉬지 않을 때까지 마냥 슬퍼하며 그 자리에 웅크려 앉아 있었습니다.

들개는 마지막까지 살려고 애를 썼습니다. 더는 애쓰지 않아도 좋으련만 애써 살려고 발버둥을 쳤습니다.

그 순간 나는 동물 간호사가 되겠다고 결심했습니다.

하지만 그게 그리 간단치는 않았습니다.

동물의 생명을 돕는 것은 아주 어려운 일이거니와 그 주인에게 마음의 지주가 되는 것도 쉬운 일이 아니었습니다.

반려견의 목숨을 살릴 수 있어서 다행스러웠던 추억보다 고통스러웠던 결과가 기억에 깊이 새겨졌습니다.

나는 이 일을 견딜 수 없을지도 모른다고 생각했습니다.

나 역시 누구보다도 개를 좋아했기 때문입니다.

개에게 미움을 받고 싶지는 않았습니다.

다치고 나서 1개월 후, 나는 동물병원에 돌아갔습니다.

평소에 주변에 엄격하게 행동하면서 직장에서 트러블을 일으킨 데다, 장기간 쉬었으므로 어색하고 서먹한 기분이 들었습니다.

바로 그날 동물병원을 방문한 나이 든 여성이 나에게 눈인사를 했습니다.

그녀가 핑크 캐리어 가방을 들고 오지 않은 것을 보고 나는 하나가 이 세상을 떠났구나 하고 직감했습니다.

내가 쉬는 동안에 하나가 병원을 찾아온 것은 딱 한 번뿐이었다고 합니다.

그때 이미 하나는 치료할 필요가 없었기 때문입니다.

Story 17
아픈 개를 안아 주세요

여기는 병원이라서 치료할 필요가 없어지면 찾아올 필요도 없습니다.

지금까지 그런 이별을 몇 번이나 경험했던지, 하지만 몇 번이나 경험해도 익숙해지지 않았습니다.

하나의 주인은 "당신을 만나고 싶어서 왔어요"라며 나에게 작은 포토앨범을 주었습니다.

포토앨범을 펼치자 새빨간 단풍을 배경으로 주인과 뺨을 바싹 갖다 댄 하나의 얼굴이 보였습니다. 낙엽이 떨어진 곳을 걷는 하나의 뒷모습과 주인의 무릎 위에 턱을 얹은 하나의 얼굴이 보였습니다.

"이거 하나가 죽기 이틀 전에 찍은 사진이에요. 행복해 보이죠?"

살이 빠져 야위어 보였으나 굉장히 즐거운 분위기가 사진에서도 전해졌습니다.

"마지막 날 밤에는 자기가 알아서 캐리어 안에 들어갔어요. 그 애는 당신이라면 틀림없이 편하게 해 주리라는 걸 알고 있었던 거예요. 그 애가 당신을 못 보고 죽어서 참 아쉬워요."

나는 주인의 얼굴을 보았습니다.

주인의 눈가는 촉촉하게 젖어 있었습니다.

"언젠가 당신이 말했죠? 개는 '아프다'거나 '괴롭다'고 말하지 못하니까 주인이 일일이 알아주지 않으면 안 된다고."

"네" 나는 살짝 고개를 끄덕였습니다.

"그 점에 있어서는 제가 주제넘은 말을 해서……."

그러자 주인이 내 손을 잡고 말했습니다.

"그래서 오늘은 당신에게 '고맙다'는 인사를 하려고 왔어요."

문득 정신을 차리니 나도 울고 있었습니다.

한번 울음이 터지자 멈출 수가 없었습니다.

포토앨범을 끌어안은 채, 나는 한참을 울었습니다.

거짓 없는 사랑을 주면
본인은 잊었다고 해도 우리는 그 사람을
죽을 때까지 잊지 않습니다.

Story 17
아픈 개를 안아 주세요.

추억까지 버리실 건가요

요 몇 년 사이 주인에게 버려져 살처분되는 유기견의 숫자는
눈에 띄게 줄었습니다.

십수 년 전까지만 해도 일본 국내에서만 20만 마리가 넘게
처분되다가 최근에는 1만 5천 마리가량으로 줄었습니다.

지금까지 살처분하던 시설이 방침을 전환한 이유도 있겠지만
필요 없다고 버리는 사람이 줄어든 덕분입니다.

그렇다고 해도 아직 1만 마리가 넘는 반려견이
버려지는 것도 사실입니다.

대체 어떤 개가 버려지는 것일까요?

가족을 무는 개, 가족에게 달려들거나 잡아당겨서
넘어뜨리거나, 산책에도 가지 않는 개, 아침부터 저녁까지
시끄럽게 짖어서 이웃에 폐를 끼치는 개일까요?

하지만 물어도, 달려들어도, 짖어도, 버림받지 않고
귀한 대접을 받는 개도 있습니다.

딱 하나 확실한 것은 반려견을 버리는 사람 중에
'반려견을 싫어하는 사람'은 없다는 점입니다.

반려견을 싫어하는 사람은 아예 기르지 않습니다.

버리는 사람도 우리처럼 반려견을 좋아합니다.

반려견과 멋진 생활을 꿈꾸었던 사람입니다.

사랑하는 반려견을 키우기 시작하고 함께 사는 동안에

Story 18
추억까지 버리실 건가요

뭔가가 조금씩 어긋나기 시작하고 어느새인가 반려견과의
마음의 거리가 돌이킬 수 없을 정도로 멀어지게 된 것뿐입니다.
그렇기에 주인과 반려견 사이에 마음의 거리가 멀어지기
시작했을 때, 곁에 있는 가족 누군가, 혹은 친구들이 주인과
반려견의 마음의 변화를 눈치 채고 그 거리를 메우게
도와주는 것이 중요합니다. 그러면 주인은 쫓기지 않을 테고
반려견을 버릴 필요도 없어집니다.
또 하나, 확실한 것은 추억을 많이 공유한 개는
버리지 못한다는 것입니다.
반려견과 여행을 가거나, 본가에 데리고 들어가거나,
이웃집 반려견들과 놀거나, 무엇이든 좋으니까
추억을 만들어야 합니다. 그 추억이 반드시 아름다울
필요는 없습니다. 부끄러운 일이나 사람들에게
비웃음을 당할 만한 실패한 추억이라도 좋습니다.
함께 보낸 기억이 많으면 그 반려견을 절대 버릴 수 없습니다.
함께한 추억이 많은 반려견을 버리면 주인 자신이
살아온 시간까지 잃어버리는 것 같은 기분이 들기 때문입니다.
개는 추억을 만드는 데 천재적인 재능이 있습니다.
그것도 짧은 인생을 주인과 함께 살아가기 위한
그들 나름의 지혜인지도 모릅니다.

추억의 소파

다섯 살 된 스피츠(우)의 이야기를 들은
스물여덟 살 여성으로부터

내가 재활용 매장에서 아르바이트를 하던 때의 이야기입니다.

매장 앞에 검게 빛나는 차가 멈추더니 안에서 우락부락한 느낌의 남성이 내렸습니다.

남성은 차에서 소파를 꺼내서 양해도 구하지 않고 매장 앞에 놓더니 "받아 주겠소?"라고 물었습니다.

나는 남성의 분위기에 겁을 먹고 아무렇게나 놔둔 소파를 '일단' 점검했습니다.

그도 그럴 것이 소파는 누가 봐도 말도 못하게 너덜너덜했습니다. 여기저기 구멍이 났고, 찢어져서 쿠션의 속이 튀어나온 부분도 있었고, 무엇보다 전체적으로 좀 별로였습니다.

커다란 가구는 사려는 사람이 거의 없는 데다 가게 안의 제

한된 공간을 많이 차지합니다. 그래서 보통은 인기브랜드 제품이거나 상태가 아주 괜찮지 않으면 사지 않습니다.

그런 이유로 내가 용기를 내서 "좀 힘들겠네요"라고 말하자 남성은 "그렇죠?"라고 쓴웃음을 짓더니 "그거, 개가 그렇게 만든 거예요"라며 이야기를 시작했습니다.

마침 매장이 한가했으므로 나는 남성의 이야기를 들었습니다.

남성은 얼마 전까지 '하루'라는 이름의 스피츠를 키웠다고 합니다.

남성은 반려동물이 금지된 아파트에서 몰래 5년가량 반려견을 키웠습니다. 그런데 함께 살던 여자 친구와 헤어지게 되자 여자 친구가 반려동물을 키워도 되는 넓은 맨션으로 이사를 간다며 하루를 데리고 나갔다는 것입니다.

내가 "허전하시겠어요"라고 동정하며 말하자 남성은 "안 보이니 속이 다 후련합니다"라고 주저 없이 대답했습니다.

하루는 여자 친구는 잘 따랐지만 남성에게는 경계심을 늦추지 않아서 그가 하는 말을 전혀 듣지 않았다고 합니다. 아무리 안 된다고 야단쳐도 소파를 쉬지 않고 긁고, 소파의 발을 물어뜯고, 소파 위에 오줌을 쌌다는 것입니다.

"진심으로 없어져서 후련했어요"라고 남성이 너무나도 감개무량한 듯이 말했으므로 나는 새로운 소파를 추천해 주기로 했습니다. 남성은 더 이상 개 문제에 신경 쓰지 않고 소파를 사게 된 것이 기쁜지 내가 점내에 비치한 소파를 추천하자 "음, 좋은데요!"라고 즉시 엄지를 세워 보였습니다. 척 보기에도 마음에 든 얼굴이었습니다.

그런데 문득 남성이 "하지만 이렇게 색이 밝으면 빠진 털이 눈에 잘 띄지 않을 텐데……"라고 속삭이듯 중얼거렸습니다. 내가 "어머? 또 애완동물을 키우시려고요?"라고 묻자 남성은 바로 "아, 아니, 그런 걱정은 하지 않아도 되는구나"라고 말하며 쓸쓸히 웃었습니다.

결국 소파는 돈을 받고 수거하기로 했습니다.

수거한 너덜너덜해진 소파는 노브랜드 제품으로 합성피혁으로 만든 저렴한 소파였습니다.

브랜드 제품이 아니었던 이유는 소파가 망가질까 예민하게 굴지 않고 반려견과 함께 편하게 앉고 싶어서였는지도 모릅니다.

천이나 가죽이 아니라 합성피혁으로 만든 소파를 골랐던

이유는 더러워지거나 찢어져도 큰 문제가 되지 않는 면을 우선해서인지도 모릅니다.

팔걸이가 없고 앉는 높이가 낮은 소파를 고른 이유는 개가 뛰어오르거나 뛰어내릴 때에 다리에 부담을 주지 않기 위해 배려해서인지도 모릅니다.

아무리 생각해 봐도 개의 편의에 맞춘 소파구나, 라고 생각하면서 무심히 소파의 쿠션을 빼자 소파의 갈라진 틈에서 뭔가가 나왔습니다.

그것은 찌부러진 남성용 슬리퍼였습니다.

자세히 보니 개의 잇자국 같은 것이 나 있었습니다.

개는 소중한 물건을 감춘다고 들은 적이 있습니다.

슬리퍼를 열심히 감추는 모습을 상상하자 하루가 그 남자

손님을 싫어했다고는 도저히 생각할 수 없었습니다.

"눈에 안 보이니까 속이 다 후련해요."

남성의 무뚝뚝한 말 속에도 역시 어딘가 애정이 담겨 있는 듯한 기분이 들었습니다.

그날 나는 왠지 모르게 소파를 치울 마음이 들지 않아서 매장 앞에 둔 채로 한동안 바라보았습니다.

때때로 추억할 수 있게
조금씩 발자취를 남겨 두시기를.

Story 19

반려견과 산다

최근에는 '애완견'을 가리켜 '반려견(companion dog, 줄여서 CD)'이라고 부르게 되었습니다.

반려견이란 사냥개나 목양견 같은 일을 시키는 개가 아니라 일반 가정에서 인생을 함께하는 가족과 같은 개들을 총칭하는 것입니다.

영어니까 물론 서양에서 만들어진 명칭이지만 그 의미는 일본에서 쓰이는 것과 서양에서 쓰이는 것이 조금 뉘앙스가 달랐습니다.

이러한 차이가 나게 된 것은 사람과 개가 관계를 맺는 법에 역사적인 차이가 있기 때문일 것입니다.

아주 오랜 옛날부터 숲에 들어가 사냥을 주로 하던 서양인에게 개는 좋은 '파트너'였을 것입니다.

즉 서양인에게 개는 공통된 목적을 이루기 위해 공동으로 일을 하는 존재였습니다.

일본에도 사냥꾼은 있었지만 농업 종사자가 압도적으로 많았으므로 대부분의 사람들에게 하루의 주요 활동 장소는 논이나 밭이었습니다.

평지에서 농경 작업을 하면 개가 활약할 부분이 거의 없습니다. 그 시대에도 방범견이라 불리며 개가 방범에 얼마간 도움을 주기는 했지만 '파트너'라고 불릴 만한 일은 아니었습니다.

현재 일본에서 개의 지위는 대체로 '패밀리'입니다.

'파트너'와 '패밀리'에는 차이가 있습니다.

'파트너'로서 키워진 개는 인간과 함께 일하고 그로써 가치를

정하기 때문에 우수하다는 칭찬을 받으며 주인에게

의지가 됩니다.

반면에 쓸모가 없는 '파트너'는 짐이 되므로 주인이

얕보고 상대를 해 주지 않습니다.

하지만 '패밀리'로 인정받은 개는 다릅니다.

'모자란 아이일수록 사랑스럽다'는 옛 속담이 있듯이

'패밀리'는 일을 잘하지 못해도, 주인에게 쓸모가 없어도,

가치에 전혀 변함이 없습니다.

일하다 실수를 했다고 해도, 명령을 수행하지 못했다고 해도

주인이 반려견을 얕볼 이유가 없는 거죠.

흔히 "일본 반려견들의 형편은 서양에 비해 떨어지는 편이다"

라고들 합니다.

확실히 서양은 옛날부터 개와 '파트너'로서 생활해 와서인지

사회구조나 반려견을 둘러싼 시스템, 행정 면에서

앞선 편입니다.

그렇지만 동물 애호라는 면에서 보자면 '패밀리'로서

맞아 주는 일본의 마음도 결코 서양에 뒤지지 않는다고

생각합니다.

선행을 하지 않아도 생활을 함께하는 것.

평생 소중히 하는 것.

그런 의미에서 일본의 개는 아주 행복한 것일지도 모릅니다.

최고의 파트너

열한 살 된 사냥개(♂)를 키우던
일흔두 살 남성으로부터

쇼와(昭和, 서기 1926년부터 1989년까지인 일본의 연호다-역주)
45년(1970년) 12월 24일, 크리스마스이브 저녁. 나와 아내는
당시에 살던 아오모리 현의 조그만 마을에 딱 한 군데 있는
서양과자점에서 큼직한 케이크를 샀습니다. 그것을 선물용
으로 들고 이제부터 사냥개를 받으러 갈 참이었습니다.

전력회사 직원이었던 나는 가족과 함께 산과 골짜기에 둘
러싸인 눈이 많이 쌓이는 오지 출장소에서 살면서 사냥꾼이
되었습니다. 사냥꾼이라고 하면 경계하는 사람도 있는데, 시
골에서는 마을과 해를 끼치는 짐승과의 거리가 가까워서 사
냥꾼과 엽우회(獵友會, 야생 조수 보호, 수렵 사고 방지 대책, 수렵
인을 위한 공제 사업을 하고 있는 법인-역주)는 옛적부터 마땅히

필요한 존재였습니다. 그리고 사냥개는 GPS도 휴대전화도 없던 시대에 중요한 전령이자, 사냥감을 찾아내는 센서이자, 사냥의 중요한 파트너였습니다.

당시에는 좋은 사냥개라고 하면 시바견이 일반적이었습니다. 그 시바견이 태어났다는 소식을 들은 것입니다. 그것도 단정한 외견의 검은 시바견이 아빠개라고 했습니다. 아직 어설픈 사냥꾼이었던 나는 염원하던 사냥개를 맞이하러 갔습니다. 설레는 가슴을 안고 눈보라를 일으키며 차를 몰았죠. 하지만 막상 대면한 그 강아지는 기대하던 것과는 사뭇 다른 외모였습니다.

눈 앞에 있는 강아지는 곱슬곱슬 말린 털에 약간 한심해 보이는 얼굴을 한 잡종 서양개였습니다. 가련한 검은 시바는 엄마 개를 사랑한 이웃마을의 테리어에 선수를 빼앗겼던 것입니다. 검은 시바가 아닌 것에 실망한 내가 본 체 만 체하는 동안 강아지는 아내의 품에서 쌔근쌔근 잠이 들었습니다. 자라면 검은 시바가 되어 주지 않을까, 하는 터무니없는 망상을 하면서 집으로 돌아왔습니다. 그래도 그 강아지는 인생 최고의 크리스마스 선물이었습니다.

Story 19
반려견과 산다

아니나 다를까, 동료 사냥꾼이 "이봐 전기집, 그 못생긴 개는 버려부러! (쓰가루 사투리-역주)" 하고 웃었습니다. 그래도 언젠가 검은 시바가 될 거라는 망상을 버리지 못한 나는 잡지 〈사냥계(狩獵界)〉에 실린 명견처럼 사냥감을 빈틈없이 마크하라고 '마크'라는 이름을 지어 주었습니다.

훈련은 처음이 중요하다고 해서 매일 호랑이 같은 얼굴로 손을 내라고 가르쳤지만 마크는 막무가내로 훈련 받기를 거부했습니다. 어, 이 똥개 좀 봐. 웃기는 녀석일세. 이웃마을의 테리어 자식이라 그런가. 해사한 입매에 눈이 안 보일 만큼 자란 곱슬곱슬한 털. 애견 미용사가 필요했지만 시골에는 없어 매번 산에 데리고 가면 식물 뿌리에 곱슬곱슬한 털이 걸려서 낑낑대며 우는 통에 하는 수 없이 안아 주어야 했습니다. 반려견을 안고 사냥을 하는 사냥꾼이라니 창피해서 눈물이 났죠.

하지만 어느 날 아침, 다정히 밥을 주는 아내에게 선뜻 손을 내미는 마크를 기둥 뒤에서 보고야 말았습니다. 그때 나를 돌아보던 아내의 의기양양한 미소를 잊을 수가 없습니다.

마크는 아직 강아지였지만 나의 하늘을 찌를 듯한 의욕을

간파하고 과도하게 엄하게 구는 내게 반항했던 것입니다. 그 래서 얼마쯤 경의를 표하면서 대하자 사냥개로서의 기질을 보여 주기 시작했습니다. 짐승들이 다니는 길이 여러 갈래로 갈라지면 그때마다 나를 돌아보고 "어느 쪽으로 갈까?"라고 지시를 기다렸습니다. "오른쪽!" 하고 손가락으로 방향을 가 리키면 잽싸게 그쪽 방향으로 전진했습니다. 때리거나 야단 치지 않아도 커뮤니케이션을 할 수 있는 개였습니다. 탕! 하 고 큰 총성을 처음 들었을 때도 전혀 겁을 먹지 않았습니다. 혈통서가 있던 지인의 세터(setter: 대표적인 조렵견-역주)는 처 음 총성을 들었을 때, 집까지 도망쳐서 돌아갔는데 말이죠.

그러다 보니 현 경계에 사는 나이 든 사냥꾼만은 마크의 발 을 물끄러미 보고는 "전기집, 이 개는 며느리발톱이 있는 좋 은 개야. 벼랑의 사자지, 곰 사냥에 좋아"라고 예언했습니다.

이 예언이 적중한 것은 마크가 세 살이 되던 때였습니다. 산속에서 세터, 포인터(pointer), 브리타니(brittany)를 데리 고 온 도시의 부유한 사냥꾼들(이하 부르주아)과 함께 사냥하 게 되었습니다. 산새의 냄새를 맡은 명견들은 각자 미친 듯 이 돌아다니며 사냥감을 탐색하기 시작했습니다. 코를 지면 에 댄 채 놀라운 속도로 전진하는 모습이 과연 명견다웠습니다. 그 압도적인 화려함이란. 한편 나는 잡종 반려견을 데리고 갔죠.

하지만 앞은 험악한 기암절벽이었습니다. 모두 "여기까지인가" 하고 포기하고 명견들도 하산하려고 하는 그때, 벼랑의 경사면에서 산새 세 마리가 퍼드득 날아올랐습니다. 돌아갈 준비를 하던 부르주아들은 총을 쏘지 않았고 나는 진즉에 쐈지만 빗나갔습니다.

"산새를 몬 건 어느 개야?" "누구네 개야?" 모두가 저마다 외치는 사이, '방금 그 새들 잘 잡혔나?' 하는 얼굴로 벼랑을 내려다본 개는 마크 한 마리뿐이었습니다.

이처럼 마크는 강한 발을 지녔고, 주변의 개가 사라져도 스스로 생각하고 남아 기회를 노릴 정도로 영리했습니다.

부르주아 중 한 사람이 "좋은 개군요"라고 마크를 쓰다듬었을 때, 뭐라 말할 수 없는 우월감이 느껴지면서 내 안의 혈통서 콤플렉스가 사라졌습니다. 학력이나 경력 같은 것도 위만

쳐다보면 한이 없지만 막상 눈앞에 있는 사람은 일을 아주 잘하고 있죠. 그거면 충분하지 않나요?

그 후 마크는 많은 사냥감을 잡았습니다. 이제 마크가 못생겼다고 말하는 사람은 아무도 없습니다. 오히려 번화가에 있는 사진관 아저씨가 사냥감을 많이 잡은 마크의 기운을 받겠다며 자신의 사냥개에 마크의 무늬를 닮은 조끼를 지어 입히기도 할 정도입니다. 가족을 뱀과 야생짐승에게서 지켜 준 것. 아이들의 형제가 되어 준 것은 또 다른 이야기입니다.

대등하게 어울리고 싶어서
도움이 되려고 최선을 다했습니다.

부르면 달려오는 개

개에게 가르쳐 두고 싶은 것은 여러 가지가 있지만
그중에서도 '귀환'은 아주 중요합니다. '부르면 오는' 기본을
할 수 있다면 남들에게 폐를 끼치는 행위를 막고
교통사고 등의 큰 사고도 피할 수 있습니다.
보통 반려견을 부르면 온다는 것은 당연하고 간단한
일이라고 생각합니다.
하지만 반려견이 즐겁게 놀거나, 옆에 관심이 있는 것이
있거나, 맡고 싶은 냄새를 맡을 때라도 '부르면 올까요?'
그럴 때라면 아무리 사랑하는 주인이 이름을 불러도
바로 돌아오지 않을 수도 있습니다.
실제로 도그런(dog run: 개의 사슬을 연결하기 위하여 지면에 친
강철로 만든 줄(개의 행동 범위를 넓히기 위한 것)-역주)에서
관찰해 봐도 주인이 한 번 불러서 바로 돌아오는 개는 거의
보지 못했습니다.
그 원인은 어디에 있을까요?
크게 두 가지로 생각해 볼 수 있습니다.

첫 번째 원인은 강아지 시절에 "이리 와!"라고 불러서 갔는데
야단맞은 경험을 한 것입니다.
짓궂은 장난을 치는 애견을 발견하고 저도 모르게

험악한 표정을 지으면서 "이리 와!"라고 불렀다고 합시다.
주뼛주뼛 다가온 개에게 다시 "하지 말랬지!"라고 야단치면
개는 주인이 부를 때는 야단맞을 때라고 학습할 가능성이
있습니다.
부르면 오게끔 가르치려면 '부르면 반드시 칭찬을 받는다'
라고 인식하게 만들어야 합니다.
이제부터는 "불렀으면 무슨 일이 있어도 칭찬하자"라고
마음속으로 다짐해 봅시다.

두 번째 원인은 "이리 와"를 가르치는 방법에 있습니다.
사람들은 대개 강아지에게 "이리 와"를 가르칠 때
손뼉을 치거나, 장난감을 보여 주거나 때로는 맛있는 간식을
보여 주고 부르려고 합니다. 그리고 가까이 다가오면
신이 나서 칭찬합니다.
이 방법은 얼핏 보기에 아주 성공한 것처럼 보이지만
나중에 실패라는 것을 깨닫게 됩니다.
왜냐하면 주인이 "이리 와"라고 부른 후에 손뼉을 치는 것은
그저 단순히 '소리에 흥미를 갖게 한' 것이기 때문입니다.
장난감이나 간식으로 낚는 것도 그저 반려견이 관심이 있는
물건으로 유도한 것에 불과합니다.

관심이 있는 것이 있으면 "이리 와"라고 부르지 않아도
다가오게 되어 있습니다. 그 말인즉슨 "이리 와"의 의미는
가르쳐 줘 봤자 소용없다는 뜻입니다. 개는 관심만 있으면
다가가기 때문에 손뼉 소리보다 재미있는 소리가 나면
그쪽으로 향합니다. 평소에 갖고 놀던 장난감보다
신선하고 재미있어 보이는 장난감을 보면 그쪽으로
가게 됩니다. 간식도 마찬가지입니다. 간식으로 낚으면

Story 20
부르면 달려오는 개

간식이 없으면 오지 않게 됩니다. 물론 유혹하는 간식보다
맛있는 것이 가까이에 있어도 오지 않습니다.

따라서 "이리 와"를 가르치고 싶으면 이렇게 해야 합니다.
"이리 와"라고 부른 후에 1초라도 빨리 목줄을 잡아당깁니다.
그리고 곁으로 다가오면 마음껏 칭찬합니다.
보상은 필요 없습니다. 이것만 되풀이해도 "이리 와"라는 말은
'관심이 있는 소리나 냄새가 나는 곳에 가는 것이 아니라
주인 옆에 가라는 뜻이다' 라고 가르칠 수 있습니다.
그리고 가면 주인이 기뻐하고,
많이 칭찬해 준다는 것을 학습합니다.

| 고타로 |

붉은색 가죽 목줄

한 살 된 카이견(♂)을 기르는
열네 살 소녀로부터

"고타로가 도망쳤어!" 근방에 사는 아주머니가 소리쳤습니다.

"녀석이 또!" 아빠가 기세 좋게 쫓아갑니다.

중국집을 운영하는 우리 집에서 아침마다 흔히 볼 수 있는 풍경입니다.

가게의 뒷마당에서 기르는 수컷 카이견 고타로는 목줄을 힘차게 물어뜯는 것을 좋아해서 우리를 곤란하게 했습니다.

지금까지 망가뜨린 목줄만 세 개.

슈퍼 등에 용무가 있어서 바깥에 잠시 매어 두기만 해도 줄을 물어뜯고 도망쳤습니다. 눈 깜짝할 새에 일어나는 일이라서 야단쳐서 그만두게 할 수도 없었습니다.

우리 집에 왔을 때, 고타로는 마치 솜인형처럼 통통해서 귀여웠습니다.

그래서 고타로가 한 살이 되던 생일에 나와 여동생이 함께 저금을 깨서 고타로에게 잘 어울리는 귀엽게 생긴 붉은색 가죽 목줄을 사 주었습니다.

조금 가늘고 세련된 목줄은 짙은 갈색인 고타로의 몸에 찰떡같이 어울렸습니다.

하지만 그다음 날, 바깥에 묶어 놓았더니 고타로의 모습이 감쪽같이 사라지고 물어뜯어 놓은 붉은색 목줄만이 마당에 덩그러니 남아 있었습니다.

여동생은 "우리가 사 준 게 마음에 들지 않았나?"라고 말하며 울음을 터트렸습니다. 그것이 고타로가 처음 도망친 날의 일이었습니다.

다행히 집을 잃어버리지 않고 얼마 안 있어 아빠에게 헤드록(headlock: 프로 레슬링에서 상대방의 머리를 옆구리에 끼고 죄는 기술-역주)을 당한 모양새로 안겨서 돌아왔지만 그날 이후로 고타로는 몇 번이나 목줄을 끊고 탈주하게 되었습니다.

아빠는 그때마다 붉은색 목줄을 다시 사 주었지만 네 번째 물어뜯겼을 때는 아빠도 더는 참지 못하고 더 튼튼한 목줄로 바꾸려고 했습니다.

　동아줄처럼 생긴 목줄에 연결된 고타로.

　그 모습을 보고 여동생은 "고타로가 불쌍해"라고 말하며 울었습니다. 아빠가 "불쌍하지 않아. 가느다란 끈이면 고타로가 도망칠 테니까 어쩔 수 없어"라고 여동생을 열심히 달랬지만 고타로를 아끼는 여동생은 하염없이 울었습니다. 그리고 여동생이 울음을 그치기도 전에 고타로는 다시 목줄을 끊고 도망쳤습니다.

　동아줄처럼 생긴 목줄이 깨끗하게 두 동강이 나 있었습니다. 그러한 현실을 보고 아빠는 드디어 본격적으로 나서게 되었습니다.

　한 시간여에 걸친 수색 끝에 근방에서 고타로를 찾은 아빠는 그대로 애완동물 용품점에 들러 과격한 헤비메탈 밴드가 몸에 착용할 것 같은 쇠사슬을 사서 고타로의 목덜미에 장착했습니다.

　천하의 고타로도 쇠사슬만은 물어뜯지 못해서 이것으로 사건이 일단락되는 듯 보였습니다.

　그런데 다음 날 아침, 다시 "고타로가 도망쳤어요!"라고 소

Story 20
부르면 달려오는 개

리치는 이웃 아주머니의 목소리가 들렸습니다. 식당 뒷마당 주변 일대에 흙이 어지러이 흩어져 있었습니다. 고타로는 말뚝을 파내서 말뚝째로 도망친 것입니다.

물론 간단히 파내서 꺼낼 수 있는 말뚝이 아니었으니 밤새 흙을 파냈을 것입니다. 그렇게 해서까지 도망치려고 하는 개의 근성에 나는 솔직히 분노를 뛰어넘어 놀랐습니다.

지친 표정의 아빠의 손에 이끌려 다시 돌아온 고타로. 그 고타로를 향해 어린 여동생이 "왜 도망치는 거야! 왜왜!"라고 격하게 화를 냈습니다.

계속 소리치는 여동생을 고타로는 눈을 치켜뜨고 쳐다보았습니다.

"가면 안 된다고 했지! 어디든 절대로 가면 안 돼!"

말을 마치고 여동생이 꽉 끌어안자 고타로는 크응 하고 울었습니다.

그날 이래로 고타로는 탈주하지 않게 되었습니다.

매일 아침, 마당을 살펴봐도 개집의 정위치에서 엉덩이를 돌리고 잠을 잤습니다.

아빠는 "마음이 통했나 보다"라고 말했습니다.

여동생도 그렇게 생각하는 듯했습니다.

고타로는 정말로 산책할 때 이외에는 내내 집에 있게 되었습니다.

다른 집에서는 이게 지극히 평범한 일이겠지만 우리 집에서는 기적과 같은 일이었습니다.

그로부터 한 달여가 지나도 고타로는 도망가려 하지 않았습니다.

"쇠사슬은 무거워서 불쌍하니까 이제 다시 끈으로 된 목줄을 해 주자"라는 이야기가 나오자 아빠가 새로운 목줄을 가져다 주었습니다.

"고타로에게 준 첫 선물이니까."

그렇게 말하면서 아빠는 나와 여동생이 준 것과 같은 세련된 붉은색 가죽 목줄을 달았습니다. 아빠는 새 목줄을 사두었던 것입니다.

고타로는 오랜만에 가볍고 가는 목줄을 하자 그 냄새를 킁킁 맡았습니다. "봐! 이걸로 하니까 좋잖아!" 여동생이 말했습니다.

익숙했던 찰캉찰캉 하는 소리가 들리지 않게 되어 조금 아쉬운 마음도 들었지만 역시 고타로에게는 붉은색 가죽 목줄

Story 20
부르면 달려오는 개

이 잘 어울렸습니다.

그리고 붉은색 가죽 목줄을 달아도 고타로는 도망치지 않았습니다.

"정말로 그 애의 애정이 통했나 봐."

고타로에게 먹이를 줄 때, 내가 무심코 내뱉자 마당에서 풀을 뽑고 있던 아빠가 의미심장하게 웃었습니다.

"뭐가 이상해?"

"고타로는 사춘기였어. 틀림없이 더 큰 자극이 필요해서 어딘가 멀리 가고 싶었던 걸 거야."

사춘기? …… 암컷이랑 만나고 싶었던 거야?

나도 그 무렵 한창 사춘기를 거치고 있었습니다. 늘 자극을 구했고, 먼 세계를 간절히 보고 싶었습니다. 학교에 돌아오는 길에는 남자애와 노상에서 이야기꽃을 피웠고 항상 집에 돌아오는 게 늦어져서 부모님에게 야단맞기도 했습니다. 분명히 고타로도 나와 같았던 거였겠죠.

　아빠는 고타로의 욕구불만을 해소하기 위해 산책의 거리를 배로 늘렸고, 산책 횟수도 늘린 듯합니다.

　매일 아침, 회사에 가기 전에 산책하느라 힘들었지만 그래도 "홈센터에서 튼튼한 목줄이나 말뚝을 찾는 것보다는 편하다"고 했습니다.

　지금은 엄마와도 상의해서 고타로의 맞선 상대를 찾고 있다고 합니다.

　그렇게 말하면서 고타로를 어루만지는 아빠가 왠지 믿음직스러워 보였습니다.

　고타로의 새끼라면 역시나 솜인형처럼 귀여울 테죠.
　만약에 한 마리가 우리 집에 오면 어떨까요?
　이름은 뭐라고 지을까요?

Story 20
부르면 달려오는 개

살아가는 방법보다
지금은 살아가는 모습 그대로를
보여 주기를 바라요.

개는 칭찬하며 키우라고 흔히들 말합니다.

애견교실에 가도 책을 봐도 "칭찬을 많이 해 주세요"라고 쓰여 있습니다. 실제로 개는 주인에게 칭찬을 받는 걸 아주 좋아합니다. 칭찬을 받는 게 사는 보람인가 싶을 정도입니다.

다만 칭찬하는 방법에는 주의가 필요합니다.

주인에게 "키우는 반려견을 칭찬해 주세요"라고 말하면 대개 망설이지 않고 반려견의 몸에서 정해진 포인트를 만지작거립니다.

물론 몸을 만져 주는 것 자체가 잘못된 것은 아닙니다.

그런데 주인이 착각해서 사실 반려견의 입장에서는 그리 달갑지 않은 포인트를 열심히 어루만지고 있는 경우가 있습니다. 주인이 칭찬해 주려는 의도였으나 그 손이 반려견이 좋아하는 포인트를 눌러 주지 않으면 개는 '칭찬받고 있다'

고 인식하지 못합니다.

같이 '어루만진다'고 해도 머리, 이마, 귀, 귀 뒷면, 목덜미, 등등 포인트는 여러 군데 있습니다. 또 만지는 방법에도 쓱쓱 만진다, 톡톡 친다, 스윽 어루만진다, 손으로 수물럭거린다 등 방법은 천차만별입니다.

어디를 어떤 식으로 만지면 좋아하는지는 개에 따라 차이가 있습니다.

사랑하는 반려견이 좋아하는 포인트를 좋아하는 방법으로 만져 주면 똑같이 칭찬을 해 주었다고 해도 그 효과가 배 이상 차이가 날 것입니다.

그러면 반려견이 정말로 만져 주기를 바라는 포인트는 어디일까요?

반려견을 만질 때, 꼬리를 흔들며 흥분하는 포인트는 사실 반려견이 '가장 만져 주기를 바라는 포인트'가 아닙니다.

반려견에게 최고의 포인트는 주인이 손으로 부드럽게 어루만져 줄 때 눈을 반쯤 감고 넋을 잃은 표정을 짓는 순간입니다.

그 포인트를 찾을 수만 있다면 이제 80퍼센트는 성공한 것이나 다름없습니다.

인간은 지구상에서 가장 강한 존재입니다.

자신들에게 쓸모가 있는 동물, 혹은 맛있게 먹을 수 있는 동물은 개체 수를 얼마든지 늘리고, 그렇지 않은 동물은 얼마든지 줄일 수 있습니다.

최근에는 어떤 동물이든 지구환경을 지키는 데 '쓸모없는 동물'은 없다는 사실을 알고 멸종 위기에 처한 동물의 보호 활동 등도 시작했습니다만, 동물들에 미치는 인간의 나쁜 영향력은 여전합니다.

옛날에는 일본의 농가에도 소와 말이 반드시 있었습니다. 소와 말은 짐을 운반하거나 밭을 가는 데 쓸모가 있는 동물이었으나 그 일을 트럭과 농기계가 대신하게 되면서 수가 줄어들었습니다. 이렇게 더는 필요 없어진 동물은 보통 그 수가 줄어듭니다.

그런데 개만은 달랐습니다.

극히 일부 문화에 속한 사람들을 제외하면 사람은 반려견을 먹지 않습니다. 이제는 사냥을 하거나 집을 지키거나, 썰매를 끄는 등의 일도 거의 하지 않게 되었습니다. 그런데도 개는 그 수를 계속 늘리고 있습니다.

게다가 신기하게도 발전도상국보다 선진국에서 반려견의 수요가 더 높습니다.

왜일까요?

모르긴 몰라도 반려견들이 정직함과 목숨조차 아끼지 않는 애정, 오로지 따뜻한 정만을 바라는 마음 등, 사람이 사회 발전과 함께 잃어버린 것을 아낌없이 보여 주기 때문이 아닐까요?

영원히 변치 않는 반려견의 태도는 때로 우리의 마음을 마구 흔들어 놓습니다.

사실 인간은 약한 동물입니다.

배려와 조건 없는 사랑이 없으면 살아가지 못합니다.

어쩌면 반려견들은 그것을 다시 한 번 생각해 내라고 변함없이 우리에게 가르쳐 주고 있는지도 모릅니다.

미우라 겐타

차가운 코,

따스한 숨,

부드러운 귀,

단단한 넓적다리.

약간 따가운 발톱,

간질거리는 혓바닥,

씰룩대는 궁둥이,

무방비한 배,

슬퍼 보이는 눈,

기뻐서 어쩔 줄 모르는 꼬리.

개는

온몸을 최대한으로 써서

우리에게 무한한 사랑을 표현합니다.

반려견이 주는 것은

고작 그것뿐인지도 모릅니다.

고작 그것뿐인데

왜 이토록

부드러우면서도 묵직하게 다가오는 것일까요?

반려견과 함께하는 날들은 짧습니다.

하지만 그 나날은
우리 안에서
영원히 살아 있습니다.

옮긴이 **전경아**

중앙대학교를 졸업하고 일본 요코하마 외국어학원 일본어학과를 수료했다. 현재 번역 에이전시 엔터스코리아 출판기획 및 일본어 전문 번역가로 활동하고 있다. 옮긴 책으로는 『미움받을 용기』, 『미움받을 용기2』, 『아무것도 하지 않으면 아무 일도 일어나지 않는다』, 『아니라고 말하는 게 뭐가 어때서』, 『나를 위해 일한다는 것』, 『나는 엄마가 힘들다』 등이 있다.

그 개가 전하고 싶던 말

초판 1쇄 인쇄 2018년 9월 15일
초판 1쇄 발행 2018년 9월 30일

지은이 미우라 겐타
일러스트 스즈키 미호
옮긴이 전경아

펴낸이 정상우
디자인 석운디자인
인쇄 · 제본 두성 P&L
펴낸곳 라이팅하우스
출판신고 제2014-000184호(2012년 5월 23일)
주소 서울시 마포구 월드컵북로 400 문화콘텐츠센터 5층 10호
주문전화 070-7542-8070 팩스 0505-116-8965
이메일 book@writinghouse.co.kr
홈페이지 www.writinghouse.co.kr

한국어출판권 ⓒ 라이팅하우스, 2018
ISBN 978-89-98075-58-3   03490